[改訂] YouTube
成功の実践法則60

ビジネスに活用する「動画作成テクニック」と「実践ノウハウ」

木 村 博 史
Hirofumi Kimura

ソーテック社

本書に掲載されている説明を運用して得られた結果について、筆者および株式会社ソーテック社は一切責任を負いません。個人の責任の範囲内にて実行してください。

本書の内容によって生じた損害および本書の内容に基づく運用の結果生じた損害について、筆者および株式会社ソーテック社は一切責任を負いませんので、あらかじめご了承ください。

本書の制作にあたり、正確な記述に努めておりますが、内容に誤りや不正確な記述がある場合も、筆者および株式会社ソーテック社は一切責任を負いません。

本書の内容は執筆時点においての情報であり、予告なく内容が変更されることがあります。また、環境によっては本書どおりに動作および実施できない場合がありますので、ご了承ください。

本文中に登場する会社名、商品名、製品名などは一般的に関係各社の商標または登録商標であることを明記して本文中での表記を省略させていただきます。本文中には ®、™ マークは明記しておりません。

はじめに

「ツクル・ツタワル・ツナガル」がうまく絡みあうことが YouTube を活用するための基本

　YouTube 活用をお伝えするための構成は「動画をツクル」「YouTube でツタワル」「お客様やファンとツナガル」という、「ツクル・ツタワル・ツナガル」の3つの「ツ」からはじまる言葉で整理することです。

　基本となる知識を得ることで、動画にはじめてチャレンジする人もすでにがんばっている人も、誰でも無駄なく確実に YouTube を活用することができるようになります。

章	タイトル	具体的な内容
Chapter-1	YouTube 成功の秘訣は3つの「ツ」	動画をつくる前に必要な心構えやゴールの設定方法、さらには何が YouTube 運営に必要なのかなど、知っておかないと損する情報や YouTube を最大限に活用するためのしかけを「ツクル・ツタワル・ツナガル」の3つのアプローチからわかりやすく整理しました。
Chapter-2	伝わる動画のつくり方	動画がないと YouTube 運用はスタートしません。では YouTube にふさわしい動画のつくり方はどうすればいいのでしょうか。そんな「ツクル」に関する事柄を説明し、疑問を解決します。プロがつくる動画は、カメラなど機材が高価だから素敵なわけではありません。知ればあたりまえと思えるような簡単なしかけを忠実に盛り込んでいるからこそ魅力ある動画になっているのです。ここでは撮影や編集のテクニックはもちろんですが、簡単にプロに近づくためのつくり方のコツを説明します。
Chapter-3	YouTube に動画をアップする	YouTube に動画をアップしただけでは誰にも何も伝わりません。動画がしっかりと伝わり、その目的を達成するためには、YouTube で視聴されるために必要な各種設定をしっかりと行い、YouTube 上に溢れる大量の動画の中から、あなたが求める見てもらいたい視聴者に動画が届きやすくしてあげなくてはいけません。この作業をしていないために動画をつくる努力が無駄になってしまっていることが YouTube にはたくさんあるのです。皆さんにはつくった動画が最大限に効果を発揮し努力が報われるように、設定方法だけでなく YouTube が最大限に効果を発揮するテクニックについても解説します。つくった動画が「ツタワル」ための技術を身につけてください。

Chapter-4	YouTubeを徹底活用する	YouTubeで動画を公開しただけでは本当に活用できているかわかりません。アナリティクスによる定量分析やSNSによる効果的な拡散方法、Google広告による動画広告活用法からYouTuberとして動画をお金にするためのGoogleAdSense利用法まで、YouTubeを徹底活用するために必要な「ツナガル」を最大限に発揮するための方法を説明します。

ビジネスユースにはビジネスユースの、YouTuberにはYouTuberの運用方法がある

　各項の冒頭には「ビジネス」と「YouTuber」として、それぞれの立場での活用の考え方について、ひと言ずつメッセージを添えてあります。同じテクニックや情報でも、仕事を盛りあげたり円滑にするために動画を活用したいビジネスユースと動画そのものの視聴数で収益をはかるYouTuberでは、活用方法に対する考え方が基本から異なります。本書では本文はもちろんですが、それぞれの項目の活用法についても、みなさんが目的にあわせて参考にできるよう工夫してみました。

YouTubeを活用して成功するまでの流れを物語のように体験することが大切

　みなさんにはこの本を読み進めていただくことで、YouTubeを活用して成功する過程を疑似体験していただけます。はじめてやることは難しいですが、一度経験したことは思ったより簡単にできたりします。

　本書を読み終えると必ずYouTubeに取り組みたくなりますし、すでにYouTubeをやっている方は改善したくなるはずです。動かなくては何もはじまりませんし、YouTubeはコツコツとでも動画を積み重ねていくことが将来に向かってとてつもないパワーを生み出します。積み上げる力はライバルがにわかに真似をしても追いつくことはできません。ぜひ本書をボロボロになるまで使っていただき、1日でも早く正しいYouTube活用をスタートさせましょう。近い将来、何にも勝る強力な力を手に入れることができます。

木村博史

CONTENTS

はじめに 3

Chapter-1
YouTube成功の秘訣は3つの「ツ」

絶対法則 01 動画の「クオリティ」を大切にする 16
クオリティは丁寧さと考えよう／心理誘導のしかけを意識する
答えがわからないと見てくれない

絶対法則 02 「時間」と「キーワード数」が見られる動画の基本になる 20
90秒ルールを意識する／「ワンキーワード」が視聴につながる
「動画で検索する」を意識する／伝える前に「見てもらう」ことが大事

絶対法則 03 ツタワリ❶ 商品や事業を「伝える」ことに徹する 25
自分より知識のある人から買いたい・頼みたい
なぜ外国人が富士急ハイランドに行くのか
言葉で伝えにくいものは動画で伝えよう／飾らないから伝わることがある
360度動画でVR体験／YouTube Liveを活用する

絶対法則 04 ツタワリ❷ 行動を指示する導線を動画に組み込む 32
人は行動指示にしたがう
何をしてもらいたいか、ゴールをイメージしてから動画をつくる
タグを意識して、関連動画という導線をつくる

絶対法則 05 ツナガリ❶ YouTubeチャンネルの活用のしかた 36
YouTubeチャンネルがブランディングのキーになる
YouTubeチャンネル＝動画情報の集積所と考える
情報をしっかり盛り込む／常にチャンネルを活性化させておく方法
複数の動画を絡めて選択の幅を広げられるチャンネルにする
YouTubeチャンネル登録でツナガリの回流をつくる

| 絶対法則 06 | ツナガリ❷ Facebook、Twitter、LINE、Instagramの活用で入口を増やす .... 43 |

Web上のサービスを使ってクモの巣のように入口を増やす
Facebook、LINE、Instagramと連携活用させるコツは自動再生機能
リンクはSEO対策にもなる
情報発信力をつける

Chapter-2
伝わる動画のつくり方

| 絶対法則 07 | 動画初心者が気をつけること〜マインド編〜 .... 48 |

動画制作は難しくない／「自分」を恥ずかしがらないことが大切
楽しく撮って伝えることが大切

| 絶対法則 08 | 動画初心者が気をつけること〜テクニック編〜 .... 50 |

必要以上の編集をしない／テロップの使い方を考える
大事なのは、楽屋落ちしないこと

| 絶対法則 09 | 誰が撮るか決める〜自分撮り〜 .... 54 |

自分撮りの撮り方（カメラ固定方式）
スマートフォンやタブレットは動画撮影アプリが充実している
モバイル端末での撮り方

| 絶対法則 10 | 動画制作をプロに頼むときの3つのポイント .... 58 |

Point 1 予算と制作内容を確認する
Point 2 得意、不得意を確認する
Point 3 つくる想いを共有できるかを確認する
コラム　YouTuberと動画がつくれるサービス 61

| 絶対法則 11 | 人を引きつける動画のための「ネタ」と「台本（ストーリー）」のつくりかた .... 62 |

ネタは「試す」と「代行」、2つのキーワードでつくれる
疑似体験がキーワード／人を引きつける動画の「ストーリー」構成を考える
キーワードを整理する／1本の長さより本数の多さで勝負する

話の展開はお決まりのパターンを押さえる
字コンテ、絵コンテ、写真コンテ、自分ができる台本づくりをする
「絵コンテ」の絵を描くコツ

絶対法則 12　イメージのつくり方 ❶　画面サイズについて ……………………………………………………… 76

顔のドアップは見ているほうがツライ／画面サイズの選び方（基本はFHD）
テロップ・終了画面・資料スペースを意識して構図する

絶対法則 13　イメージのつくり方 ❷　カメラの動きでイメージを操作する ………………………………… 78

カメラの高さ位置でイメージを操作する
カメラワークでイメージを操作する

絶対法則 14　イメージのつくり方 ❸　映像の切り替えでイメージを操作する ……………………………… 82

映像を切り替えるときは、カメラの向きを変えて撮影する
「使えそうなカット」をたくさん撮っておく
7秒ルール、3秒ルールで切り替えると構成が簡単になる

絶対法則 15　イメージのつくり方 ❹　照明でイメージを操作する ……………………………………………… 85

`ホワイトバランス` 光の色を操作する
照明の位置でイメージを操作する
横からの照明の考え方／縦からの照明の考え方

絶対法則 16　機材の選び方 ❶　映像機器編 ……………………………………………………………………… 89

カメラの種類を知る

絶対法則 17　機材の選び方 ❷　音響機器編 ……………………………………………………………………… 94

マイクの種類を知る
マイクによって音を拾う幅が違う（マイクの指向性）
有線と無線をうまく使う
知っていると便利なマイクの種類～ゲームの実況中継はハンズフリーで～
有線の種類はたくさんある
ミキサー導入で一歩上の収録をする（対談やバンドの音を収録する）
動画にバックミュージックを入れる
音源は無料のものから有料のものまでたくさんある（素材辞典、ダウンロード販売）

絶対法則 18　機材の選び方 ❸　周辺機器編 103

周辺機器をマスターする／ビデオ三脚を選ぶ
ガンマイクとレコーダーで本格収録

絶対法則 19　三分割法で構図をマスターする 106

三分割法でカンタンにプロ並みの構図をつくる
三分割法で背景を活用する
左右の振り分けについて
カメラやスマホのグリッド線を表示させる

絶対法則 20　人物の撮り方をマスターする 112

人の撮り方にはパターンがある「あおり」と「俯瞰(ふかん)」
視聴者にどう見せたいかで、撮り方が変わる

絶対法則 21　物の撮り方をマスターする 116

物の撮り方は縦横高さの3次元情報が大切／視聴者目線を意識する
アピールポイントは別撮りでしっかりリーチする
人物が登場することで無機質さをなくす／サイズを伝える情報を盛り込む

絶対法則 22　動物や電車など動くモノの撮り方をマスターする 122

動くモノを「フォロー」して迫力を出す
待ち構えて疑似体験を醸し出す「フィクス」
とにかく撮って編集でつなげる
コラム　YouTube ライブで生中継 125

絶対法則 23　被写体を追いかけながら撮るときのテクニック 126

スタビライザーカメラで高度な収録を可能にする
あえて手ブレで迫力を出す

絶対法則 24　ハウツー動画の撮り方をマスターする 129

ハウツー動画を撮るときは音やテロップを大切に
オンラインセミナーの撮り方
パソコン画面を撮りながら説明する

絶対法則 25　スライドショーのつくり方をマスターする 134

写真だけでも伝わる動画はつくれる
写真なら机の上に並べてストーリーを考える
スマホの動画編集ソフトはスライドショー機能が充実している

絶対法則 26　自分にあった動画編集ソフトの選び方 140

OS に付属の動画編集ソフトを使ってみる
Mac iMovie の使い方（MacOS の場合）
有料ソフトを使う（Windows ユーザー、Mac ユーザー）
Premiere Elements の使い方（Premiere Elements 2020 の場合）

絶対法則 27　編集で映像をデザインする ❶　カットパターン編 150

「クレショフ効果（モンタージュ効果）」を理解する
カットパターンで、プロの編集に近づく
肩越しショット／カットアウェイ／リアクションカット
インサートカット／視覚カット（POV ショット）

絶対法則 28　編集で映像をデザインする ❷　テロップ編 155

マウステロップ／説明テロップ
強調テロップ／テロップに挿入する文章は短くが基本

絶対法則 29　編集で映像をデザインする ❸　資料を動画にして組み込む編 158

PowerPoint などを画像化して組み込む
シミュレーション セミナーの撮影方法 ❶
　PowerPoint のデータを画像化して映像に組み込む編
映像を映像で重ねる（ピクチャ・イン・ピクチャ）
シミュレーション セミナーの撮影方法 ❷
　アニメーションつきの PowerPoint のデータを映像に組み込む編

絶対法則 30　編集で映像をデザインする ❹　はじまりと終わりをつくる編 165

オープニングで引きつける
音楽でイメージを操作する
エンディングで次のアクションにつなげる
YouTube の終了画面機能を意識したエンディング画面のつくり方

| 絶対法則 31 | 編集で映像をデザインする ❺
音で映像をデザインする編 .... 169 |

音やテンポでイメージを誘導する／音楽選びのポイント
背景音の大きさに注意する／音源の探し方

| 絶対法則 32 | 映像のデータ形式をマスターする .... 173 |

「何に使うか」「どう残すか」ファイル形式は目的で決める
覚えておきたい動画ファイル形式 5 つ
スマホの動画を保存する方法

Chapter-3
YouTubeに動画をアップする

| 絶対法則 33 | YouTubeガイド「YouTube Creators」を活用する .... 178 |

YouTube 公認の虎の巻

| 絶対法則 34 | YouTubeチャンネルを理解して正しく設定する .... 179 |

チャンネルのデザインはブランディングの第一歩
YouTube チャンネルは 2 つ目以降のもので運用しよう
チャンネルは複数人で管理しよう— ブランドアカウントでの YouTube チャンネル —
2 つ目以降のチャンネルの作成方法

| 絶対法則 35 | YouTubeチャンネルをカスタマイズする .... 184 |

YouTube チャンネルのカスタム設定
紹介動画を設定する
チャンネル紹介動画の変更のしかた
チャンネル登録者に見せたい動画を設定する
チャンネル登録者向けのおすすめ動画の設定方法

| 絶対法則 36 | YouTubeチャンネルのチャンネルアイコンと
チャンネルアートを設定する .... 188 |

チャンネルアイコンを設定する／チャンネルアイコンの設定方法
チャンネルアートを設定する
YouTube チャンネルアートのサイズにあわせた画像加工のしかた

絶対法則 37　YouTubeチャンネルの説明情報を設定する ... 191

チャンネルの説明を設定する／詳細を設定する
URL リンクを設定する

絶対法則 38　再生リストでセクションをわかりやすくする ... 194

再生リストとは／再生リストのつくり方
セクションは再生リストで整理する
再生リストの YouTube チャンネル設定

絶対法則 39　YouTubeから認められるYouTubeチャンネルにする ... 199

YouTube に認められる YouTube チャンネルになろう
チャンネルは YouTube の求める条件をクリアしないと効果がない
YouTube チャンネルの認証を行う
YouTube チャンネルの認証方法

絶対法則 40　ブランディング設定を行う ... 203

詳細設定を行う
チャンネル登録者が 100 人を超えると独自 URL がゲットできる

絶対法則 41　動画をYouTubeにアップする ... 206

パソコンから動画をアップする
スマホから動画をアップする
詳細設定を必ず設定する

絶対法則 42　動画に「タイトル」をつける ... 208

検索を意識するタイトルが大切
引きつけるキーワードを探す
流行のタイトルを参考にする

絶対法則 43　「説明」欄に動画の説明を書く ... 212

検索を意識した説明が大切
自社サイトへの誘導情報を忘れずに入れる
長い動画は「タイムコード情報」を入れるとリーチしやすくなる

| 絶対法則 44 | 動画に「タグ」をつける .... 215 |

タグは必ず検索を意識して設定する
タグの数はどのくらいがいい？
似たような動画のタグを参考にする
YouTube 動画のタグの確認方法（Google Chrome）
自分のチャンネルタグを埋め込んで自分の動画で回流させる

| 絶対法則 45 | 動画のサムネイルを設定する .... 220 |

サムネイルをカスタマイズして動画のイメージを伝える
サムネイルは動画と違っても大丈夫
YouTuber のようなサムネイルをつくる

| 絶対法則 46 | 限定公開と非公開で動画をチェックする .... 223 |

「公開」「限定公開」「非公開」「公開予約（スケジュール設定済み）」の
　各設定について
必ず、公開前に動画を確認するクセをつける
コラム　スマホで YouTube 動画を管理する「YouTube Studio」アプリ 226

| 絶対法則 47 | YouTubeの編集機能を使う
カット、テロップ、背景音の追加 .... 227 |

「動画加工ツール」の使い方
カットは簡単にできる
YouTube で提供されている音を加える
顔や見られたくないものにモザイクをかける
字幕機能で世界デビュー

| 絶対法則 48 | YouTubeのカードと終了画面機能を使う .... 233 |

カードを使ってチャンネルや動画に誘導する
終了画面を活用する

| 絶対法則 49 | チャンネルの「アップロードのデフォルト設定」で
作業を楽にする .... 237 |

動画に共通の情報は 1 度設定すればいい
アップロードのデフォルト設定

Chapter-4
YouTubeを徹底活用する

絶対法則 50　YouTubeアナリティクスで状況を把握する 240

YouTube アナリスティクスで状況を把握する
YouTube アナリティクスの使い方
主な指標の見方

絶対法則 51　動画にリーチさせる ❶ SNSと連携させる 247

YouTube の弱点を補完してくれるのが SNS
YouTube の動画を SNS でシェアさせる方法
動画でタイムラインを差別化する
インスタグラムの正方形動画に対応する

絶対法則 52　動画にリーチさせる ❷ Webサイトに組み込む 250

ソースの書き出し方
Web サイトやランディングページに YouTube 動画を組み込む

絶対法則 53　動画にリーチさせる ❸ 動画広告で広げる 252

動画広告向け Google 広告で拡散する
Google 広告の設定のしかた

絶対法則 54　YouTube広告で稼ぐ YouTubeパートナープログラムの設定 256

YouTube で広告収入を受け取る方法
YouTube での収益受け取りの設定方法
Google Adsense と YouTube の関連づけ
表示される広告フォーマットを選ぶ
動画を収益化する際に気をつけること

絶対法則 55　伝えて売るを意識する 260

視聴者の代わりに触ってあげる
性能を伝えて使用感を持ってもらう

商品の用途は2つ以上用意する
視覚だけでなく、嗅覚、触覚に訴える
疑似体験がキーワード

絶対法則 56　ダイジェスト動画で導線をつくる ……………………………… 265

映像の長さを意識すると90秒が視聴の抵抗線
映像のテンポを意識して同じ間隔で映像を切り替える
本編に続くコンテンツ情報を盛り込む

絶対法則 57　ツナガル動画を意識する …………………………………… 267

フロントからバックエンドへの伏線を盛り込む
商品の内容を伝えて購買へツナゲル動画の例
事業内容を伝えて、ビジネスへツナゲル動画の例
人を伝えて、ビジネスへツナゲル動画の例
動画をシリーズ化してツナゲル（ザイアンス効果）

絶対法則 58　限定公開で顧客をリスト化する ……………………………… 272

登録した人だけが閲覧できるしくみをつくる
登録フォームから申し込んでもらう方法
パスワードで視聴制限を強化する方法

絶対法則 59　YouTubeチャンネルに誘導する ……………………………… 275

YouTubeチャンネルは動画の保管庫
YouTubeチャンネルをHubにする回流策
YouTubeチャンネルを促すQRコード
YouTubeチャンネル登録を促すパラメータを活用する

絶対法則 60　自分にあった運用を考える ………………………………… 280

たくさん見られるのか、仕事をサポートするのか
どうすれば継続的に運営できるのか
動画アップロードの積み重ねが財産になる

あとがき ……………………………………………………………………… 283

Chapter - 1

YouTube 成功の秘訣は3つの「ツ」

「(動画を) つくって」「(YouTube で) つたえて」「(視聴者と) つながる」。
YouTube 成功の秘訣は3つの「ツ」ではじまるキーワード。YouTube を活用するために必要なしかけやノウハウを「ツクル・ツタワル・ツナガル」の3つのアプローチでわかりやすく整理しました。

初心者　中級　上級

絶対法則 01 動画の「クオリティ」を大切にする

YouTube活用のためには、あたりまえですがアップロードする動画が必要になります。この動画をつくるにあたって、大切にしたいのが「クオリティ」。ここでは、3つの「ツ」の最初のツである「ツクリ」について考えていきます。商品を売ってビジネスを成功させたい！ オモシロイ動画をたくさんアップして、あこがれのYouTuberになりたい！ 想いはいろいろでも、動画をつくるために必要な気構えや心持ちは同じです。

ビジネス	YouTuber
製品、サービス、会社のいずれをブランディングする場合にも、クオリティは大切な要素になります。動画を見た人が「魅力を感じるクオリティ」を意識しましょう。	多くの人に見てもらえる動画にするには、視聴者がストレスを感じないクオリティの動画であることが大切です。少しの気遣いを大切にして、一歩抜きん出たYouTuberを目指してみましょう。

クオリティは丁寧さと考えよう

　動画は内容によってさまざまなカテゴリーに分類できます。

　たとえば「**記録動画**」というカテゴリーは、運動会や結婚式などのイベント、子どもの成長などを記録として動画に残しておくものです。この場合、動画にストーリーはいりませんししかけもいりません。

　自分の子どもの成長記録は楽しいですが、**他人の子どもの成長記録を見せられても退屈なのは、ストーリーもしかけもない動画だから**です。

　ただここで、気づいていただきたいことがあります。「どうして子どものビデオを見せたい親がいるのか」ということです。これは、このあとお話しするしかけのある動画を考えるうえで大切な要素になります。

　記録映像はストーリーもしかけもない動画だと書きましたが、親にはあてはまらないのです。他人には単なる記録ですが家族には「成長のストーリー」というしかけがあるのです。親にはしかけがあるがビデオを見せている友人にはしかけがない。だからビデオを見せられている友人は退屈なのです。

　しかけは**自分が主役ではなく、相手の立場にあわせてつくっていく必要がある**、ということがここからもわかります。

● 他人に伝わる映像

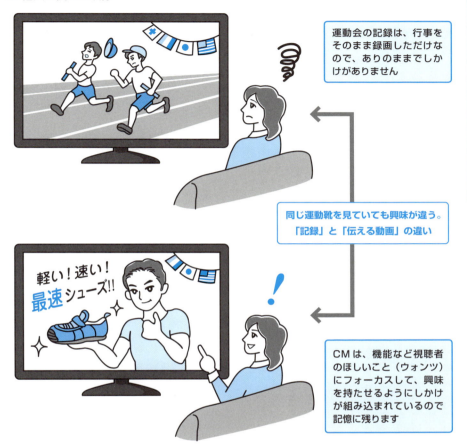

ただし、運動会の記録動画も親には「ストーリー」というしかけがあります。しかけの対象を確認することが大切です。

　今から私たちがつくっていこうとしているのは記録動画ではありません。「商品を売ってビジネスを成功させたい！」「オモシロイ動画をたくさんアップしてあこがれのYouTuberになりたい！」「YouTubeアフィリエイトで稼ぎたい！」こういう目的を達成するための動画です。

　動画で目的を達成するためには、運を天に任せてはいけません。しっかり丁寧に相手（視聴者）にあわせたしかけを計算して、視聴者に気持ちよく見てもらう

ためのクオリティにしなくてはいけません。伝える動画はプロ野球の世界と同じで「記録より記憶」です。そのためには、**ストーリーや動画の目的（ゴール）、それに向けたしかけをしっかり考えて動画に組み込み、クオリティの高い伝わるツクリにする**ことが大切です。

心理誘導のしかけを意識する

ではどのようにして"記憶"に残せばいいのでしょうか。大切なのは「**視聴者の気持ちの動きを意識する**」ということです。

記録動画と違い、あなたの目的を達成させるためには、まず情報を伝えて、さらにその情報をベースに申し込みや問いあわせ、あるいはFacebookやTwitter、LINE、Instagram、TikTokといったSNSでの動画の拡散など、視聴者に何かしら行動をとってもらわなくてはなりません。

そのためには視聴者がどうしたら行動に移すかというストーリーが頭の中に描けていないといけません。ただつくるのではなく「**視聴者がどのように動画から情報を得て行動に移すのか、頭の中でシミュレーションをしながら考えてつくっていく**」、これだけで、ほかの動画とはっきりわかる違いが出てきます。

たとえば、動画に「〇月〇日お問いあわせ分まで無料」と問いあわせの期限を入れてみたり、「この動画を見た！　と言っていただいた方50% OFF」という

● 動画の中で、相手にしてもらいたいことをハッキリと伝えることが大事

YouTuberはチャンネル登録をしっかりお願いしています (MEGWIN TV)。

ような、期限やお得感のしかけを入れておけば、動画を見たところから次のアクションへの誘導が容易になります。このような流れを「**心理誘導**」といいます。心理誘導は意識して組み込まないと偶然には発生しないしかけなので、必ず意識して組み込むようにしましょう。

答えがわからないと見てくれない

伝えるクオリティというと「**最初に動画の内容を伝える**」ということがあります。これから見る動画がどんな内容で何をしようとしているのか最初にはっきり伝えましょう。1度見た映画やドラマはストーリーがわかっているので安心して見られますよね。

その安心がつまらなかったりもするのですが、YouTubeの動画は映画やドラマほど気あいを入れて見るという感じより、検索や関連動画でたどり着きながら視聴する場合が多いので、内容がはっきりしない動画はそもそも見てもらえないですし、すぐにほかの動画に移られてしまう傾向があります。

これを防ぐために「**動画の最初に内容や伝えたいことをビシッと伝えて、どんな動画なのかを視聴者に伝える**」ことで動画を視聴する体制にさせる必要があるのです。なんだかよくわからない感じではなく、動画の内容を最初にしっかり伝える。これもYouTube動画に求められるクオリティです。

● 冒頭で動画の内容をしっかりと伝える

動画の中で何にチャレンジするか、早いタイミングで告知します (MEGWIN TV)。

初心者 中級 上級

絶対法則 02 「時間」と「キーワード数」が見られる動画の基本になる

短い動画で、相手に的確に伝えるためには、記憶に残るしかけに加えて「時間」も大切にしなくてはいけません。どんなに素晴らしい内容でしかけをふんだんに盛り込んでも、視聴者がそこまでたどり着いてくれなければ、しかけを見ないうちに視聴をやめてしまい、そもそも伝わりません。最後までしっかり見てもらうためには、動画にも適切な時間設定をすることが大切です。長すぎず短すぎず、視聴者に心地よくしっかり伝わる動画の「時間」を意識してみましょう。

ビジネス	YouTuber
短い時間かつ少ないキーワードで、端的に商品やサービスを説明することで伝えるべきことが整理されて的確に伝わります。	テンポよく伝えることに絞って動画を展開していくことで、楽しさに勢いをつけるだけでなく、わかりやすく伝えることができます。

90秒ルールを意識する

　サッカーのワールドカップでは「**国歌斉唱90秒ルール**」が採り入れられています。これは各国の国家が長短さまざまなので、長い国歌がはじまるとキックオフ前に間延びして集中力が途切れてしまうため、すべての国の国歌を90秒で流すというものでした。ではなぜ90秒なのでしょう。脳で起こる驚きなどの感情的な反応は、90秒で1度落ち着くといわれています。つまり**興奮するとその興奮が収束するまでに90秒かかる**のです。

　動画でもこの脳の動きを使わない手はありません。脳の興奮が続く90秒で動画をまとめると、視聴者は興奮冷めやらぬまま動画のエンディングを迎えることができます。つまり飽きさせずに動画を見せ終えることができるのです。商品やサービスを説明する前段階として、使用するダイジェスト動画は伝えたいものに誘導するための動画ですから飽きさせてはいけません。そこで90秒を意識しながらつくることで、効果的で飽きない動画にするわけです。

　また、視聴者の興奮を高めたい内容やネタのときは、90秒を超えると間延びしてしまうので、90秒に1回、刺激的なコンテンツを入れるようにすればいいわけです。長編の動画でも同じです。**90秒をキーワードに3分、4分30秒と構成を組み立てていけば視聴者を飽きさせない動画がつくれます**。

● わさびは何につけても美味しいはずだ！

オープニング・ネタの前フリ 1分30秒		「ワサビ」は刺身にもつけるし、ワサビ漬けもある。何につけても美味しいはずだ！
ネタ❶ 興味のわく実験過程ネタ 3分0秒		「パン」につけると⇒あわない！ 「ごはん」につけると⇒ビミョー！ 「ラーメン」につけると⇒あわない！
ネタ❷ 結論に向けた実験ネタ 4分30秒		「サラダ」につけると⇒ちょっと美味しい！ わさびドレッシングがあるものね。 だったら「ポテトサラダ」につけると⇒とっても美味しい！
結論・エンディング 6分0秒		「結論」 ⇒「何でも美味しくなるわけではないが、ポテトサラダにわさびは居酒屋メニューにできるくらい美味しい！」 「チャンネル登録してね！」 「ほかの動画も見てね！」

「ワンキーワード」が視聴につながる

　的確に伝えるために大切なことの2つめは「**キーワードの数**」です。

　「**決め言葉**」という言葉があるように、キーワードは少ないほど相手に刺さります。言いたいことが多すぎて1つの動画の中にたくさんのキーワードやメッセージが入ってしまっているのは残念な動画です。たくさんのものを詰め込みすぎているがために1つひとつの存在がかすんでしまって、何を伝えたいのかわからな

くなってしまっています。

　人間の脳は、古い情報が新しいもので塗り替えられるといわれています。会議や会話のシーンで、はじめにしていた議題や話題ではなく、最後に盛りあがった議題や話題のほうが鮮明に残っているという経験はありませんか。このように人間の脳は記憶がどんどん塗り替えられてしまうので、**1つの動画の中にたくさんキーワードを詰め込んでも視聴者の心に残るキーワードはかぎられたものになってしまう**のです。

　そのため、できるだけ伝えたいキーワードを絞った動画にしていくことが大切です。ワンキーワードが理想ですが、ひと言にまとめることは難しいですし、キーワードが強すぎても視聴者が受け入れることにストレスを感じてしまうことになるかもしれません。そのため私は「**1つの動画にキーワードは5つまで**」にしましょうとお話ししています。

　5つを超えると片手では数えることができません。**指折り数えられない数は人間の体に染みついた感覚として好ましくない**と考えています。また、最後に聞いた言葉ほど記憶に残りやすいといわれているので、**動画のラストに意図的に大切なキーワードを入れることもお勧め**です。強いメッセージを伝える動画は、最後に象徴的に「**ワンキーワード**」を語ることがあります。キャッチコピーを最後に伝えることで記憶にも残るし、動画のラストをしっかり締める演出にもなります。プロも使う効果的な手法なので、ぜひみなさんも使ってみてください。

　この最後の言葉が記憶に残るというのは、動画でのスピーチにも応用できます。

　商品やサービスを説明するときは、メリットだけでなくデメリットも伝えないといけません。こんなときはデメリットから伝えてメリットで終わってほしいのです。「丹精込めてつくっていますが値段も高いんです」と伝えるより「**値段は高いのですが丹精込めてつくったものなのです**」と伝えたほうがメリットのいいイメージを相手に持ってもらうことができます。

　毒舌漫才や漫談などもそうです。「あいつはどうしようもないバカだけど子どもみたいに可愛いやつだよな」と、誰かをけなしても褒めて終わる。だから後味が悪くないのです。動画も同じです。しっかり伝えることと同じだけ伝え方も大切にすると効果的な動画をつくることができます。

　「伝える動画の目的」はあなたが言いたいことを好きなだけ言うのではなく、あなたの伝えたいことを的確に伝えることです。**言いたいことが多いときはキーワードを整理したり、動画を複数に分けることも考えて、視聴者がストレスを感じることなく的確に伝わる動画**にしあげましょう。

● 1つの動画に5つのキーワードでも多いかも

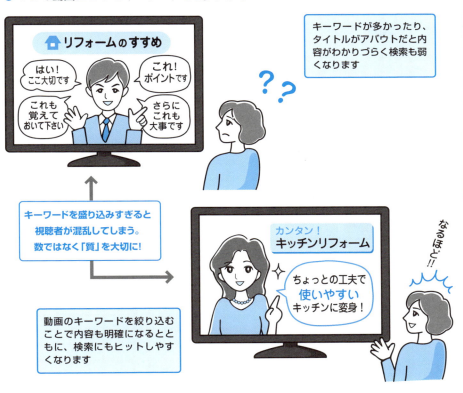

「動画で検索する」を意識する

　動画は、「エンターテイメントとして楽しむもの」から「**調べて学ぶものとしての役割**」も大きくなってきています。

　たとえばパソコンのショートカットキーを調べるとき、テキスト検索で調べて文書を読むより、動画でパソコンのどのキーを押すかを見ることができると直感的にすぐわかります。楽器の演奏方法などもそうです。見ると簡単にわかるのに、文章化すると難しくなってしまうことは、動画で検索するのが効果的です。

　便利なことはどんどん広がっていきます。YouTubeでもハウツー系の動画がどんどんアップされていますし、視聴数もどんどん増えています。視聴者もYouTube動画を辞書やハウツー本のように活用しているということです。

　ここからも動画のキーワードが大切なことがわかると思います。

「家のリフォーム」ではなく、「壁紙の張り替え方」や「フローリングのヘコミの直し方」というほうが、キーワードがはっきりして、ニーズにマッチしていて、動画に気づいてもらいやすくなるわけです。

● 「曲名」や「初心者」などのキーワードで視聴者が検索で見つけやすい

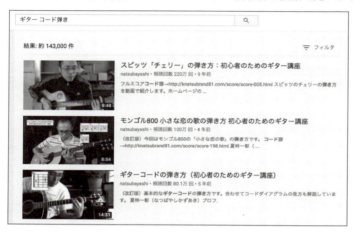

ギターが弾きたくて「ギター　コード弾き」とYouTubeで検索すると、たくさんの動画がヒットし、実際に弾いているところを見ながらマスターできます（https://www.youtube.com/natsubayashi）。

伝える前に「見てもらう」ことが大事

　ここまで「時間」と「キーワード」についてお話ししてきました。勘のいい人は気づいたと思います。ここで伝えたいことは**動画は誰のためのものか**ということです。

　ビジネスユースであれYouTuberであれ、**動画を自分の記録のようにしてしまうと、見ている側のことを考えない構成になってしまい、結果、誰も見てくれない動画になってしまいます。**

　時間も伝えることも構成も、すべては視聴者のために考えるのが基本。視聴者を主語にして、視聴者が喜ぶ、ほしがる、見たがる動画をつくらなくてはいけません。

　本書では、一貫して「誰のための動画か」ということを念頭において話を進めていきます。みなさんもこのことを考えながら、本書を読み進めてみてください。あなた流の伝わる動画のカタチが見つかるはずです。

初心者　中級　上級

絶対法則 03 ツタワリ❶ **商品や事業を「伝える」ことに徹する**

動画はつくることが目的ではなく、動画を使っていかに相手に「伝える」ことができるか、その手段としての役割が動画の大切な目的です。そのためには「❶ 相手をハッキリさせる」「❷ ゴールをハッキリさせる」ことがとても大切です。ここでは事例をもとに、伝えるために動画がどのように使われ、どのように人を動かしているかについて考えてみましょう。

ビジネス	YouTuber
何を伝える必要があるのか、何が視聴者を動かしているのか、事例の中からエッセンスを抽出することができれば自分の動画にも応用できるようになります。	さまざまな動画を使ったアプローチで、今までとは違った個性的な表現方法でいろいろなことを伝えることができるようになります。

自分より知識のある人から買いたい・頼みたい

　商品を買うときやサービスを契約するときには、まだその商品やサービスを使用していないので、それがどんな効果や結果を自分にもたらしてくれるのか、お客様はわかっていません。「このスピーカーならいい音で音楽が聴ける（だろう）」「このコンサルティング内容なら売上が上がる（だろう）」といったように「買ったらこうなる**だろう**」「依頼したらこうなる**だろう**」という予想のもとに購入したり依頼したりしています。つまり私たちが商品やサービスを選ぶときは、結果を予想して選んでいるということです。

　このときに必要なのが、選ぶための情報です。売り手は買い手が適切に選ぶことができるような情報を提供し、その商品やサービスを手にしたらどうなるかを想像できるようにしてあげなくてはいけません。これは動画でも同じです。**モノを売るための動画には、視聴者がモノやサービスを判断できる情報を詰め込んであげないといけません。** 価格、大きさ、使用感など、視聴者が購入するかどうか決めるのに必要な情報をしっかり詰め込んで、イメージができるようにしてあげてこそ売るための伝わる動画になります。

　動画にかぎらず、インターネット上に情報が溢れている昨今は特にそうですが、情報のないところに消費者は近づかない傾向があります。みなさんも、高いものほど自分より知識のある人から買いたいと思いませんか？

　商品やサービスの料金は、この自分より知識や技術があることへの「**対価**」です。

だからこそYouTube動画で自分の知識や技術をアウトプットして、視聴者に価格の価値を知ってもらうことが大切なのです。

また自分がアウトプットしなくても、お客様など第三者が自分の情報をアップしていたりもします。このような勝手な口コミはいいものもあれば悪いものもあります。自分でコントロールの効かない情報ではなく、正しく伝えたいことを伝えていくためにも、自分でアウトプットしていくことが大切になってきています。

そのためにも動画には、**購入者の立場に立ってどのような情報が必要なのかを洗い出し、その情報をしっかりと組み込んでいくことが大切**です。

● タイヤフィッター
https://www.youtube.com/c/tirefitter

動画を通じてその会社のスキルやレベルがわかると、視聴者は動画から知識を得ながら、実際にその会社に依頼するにあたっての判断基準として、動画を活用することができます。

なぜ外国人が富士急ハイランドに行くのか

富士山が世界遺産に登録されたこともあり、河口湖がインバウンドの外国人観光客に人気のスポットになっています。同じように河口湖近くにある富士急ハイランドも外国人観光客に人気のスポットになっていて、海外に住む私の友人も、日本に来たら富士急ハイランドに行きたいといっています。これってスゴイことだと思いませんか。

たとえば東京・京都・大阪と周るのであれば新幹線など交通機関で効率的に周れますが、富士急ハイランドはホームページで確認しても、東京から電車でもバ

スでもおおよそ片道2時間かかるので、往復の時間を考えると丸1日かかります。かぎられた滞在期間の中の1日ですから、それでも貴重な時間を費やして行きたいというからには、観光客も「そこは面白い」という確実性や自信を持っているはずです。**その確実性の情報入手先こそ、インターネットでありYouTube動画**なのです。

　YouTubeには、富士急ハイランドを訪れた観光客の動画がたくさんアップされています。人気のあるジェットコースターの動画もアップされています。観光客はこれらの動画を見て、滞在期間中に行くだけの価値があるかどうかの情報を入手し、判断しているのです。

　動画を使えば、そこに何があるのかを疑似体験させることができ、面白いものがそこにあることがわかっていれば、多少距離があっても行きます。**動画は商圏を広げることもできる**のです。

言葉で伝えにくいものは動画で伝えよう

　お客様が必要としている情報を動画にして、どんどんアップしている会社があります。東京都江戸川区にある総合レンタルショップ、レントオール江戸川です。総合レンタルショップなので、取扱商品は餅つきセットや横断幕などのイベント関連グッズからパソコン用のポインターまで多岐にわたります。そのため、お客様から商品の使い方についての問いあわせがあとを絶ちません。従業員も、品数の多さからすべての商品を説明することができなかったそうです。

　そこでお客様の不安や不満の解消を考え、**動画の伝達性のよさに気づき、少しずつ商品の特長や使い方を収録し、YouTubeの自社の商品ページにアップして案内する**ようにしました。すると動画の視聴数が増えていくとともに、質問の件数も激減しました。反対に動画からの申し込みが増えていくという好循環が生まれ、今では多くの商品が動画化されています。

　テントを借りて組み立てる場合、もちろん紙の取扱説明書がありますが、文章だけでは理解に苦しむところもあります。そんなときに組み立て方の動画を見れば、直感的にちょっとしたコツもわかったりします。

　こんな少しの便利や安心のための情報提供が、「これ借りたい！」「こんなものも借りられるの？」ということを気づかせて、潜在顧客の掘り起こしになったり、ここに来れば確実に借りられるという確実性から、商圏の拡大につながっているのです。

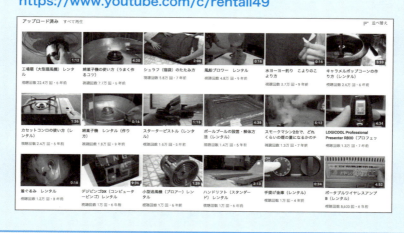

飾らないから伝わることがある

　会社を知ってもらいたいのは、お客様だけではありません。これから会社に入社してくる学生たちにも、会社や先輩を知ってもらうために動画は効果的です。プロがつくる会社案内の動画はカッコよく素敵なものがたくさんあります。

　もちろんこのような動画で会社に対するいいイメージを持ってもらうことも大切ですが、これから就職しようと考えている人にとっては職場の雰囲気やどんな先輩たちがいるのだろうと、その会社の現実的なところが知りたかったりします。こんな要望に応えられるのが「**先輩社員たちのつくる会社紹介動画**」です。

　スマホなどで撮った簡易な映像が中心の動画ですが、本当の会社の姿、先輩の姿が見えてきます。本当の姿が見えれば安心ですよね。このような動画は「**多くの人に見られることが目的ではなく、伝えたい人にしっかり伝わるのが目的の動画**」です。

　YouTubeというと、視聴数獲得が目的のように思われてしまいますが、特にビジネスユースでは、視聴数ではなく伝えたい人に確実に伝えることも目的であることも多いので、動画の使用用途を考えた運営が活用の秘訣ともいえます。

会社を伝える事例

● (株) 吉田企画 整骨院経営コンサルティング
https://www.youtube.com/channel/UCX1rHqQnOu7bn2ePpY-G-LA

● センチュリー21 レイシャス
https://www.youtube.com/channel/UC2AWMsCyKkv_7LhoPl60dkg

360度動画でVR体験

　VR（バーチャルリアリティ：仮想現実）という言葉の流行とともに、YouTubeでも上下四方どの方向の映像も見ることができる、**360度動画がYouTubeアプリやChromeのブラウザで視聴可能**になっています。

　リコーのTHETAなど、360度の動画や写真が撮影できる機器が安価になったことや、スマホアプリなどで機器を簡単に操作できるようになったこともあり、その数はどんどんと増えていっています。

埼玉県を中心に不動産事業を営む松堀不動産は、仲介物件の360度動画をYouTubeで紹介しています。この動画を見れば、店舗でも自宅でもバーチャルに部屋を内覧することができます。間取図だけでは伝えにくい部屋の雰囲気も、まるで部屋の中にいるように伝えることができるのが360度動画の魅力です。

YouTube Liveを活用する

　インターネット生中継ができるYouTube Liveも、2013年12月に配信制限が緩和されてから配信数がどんどん増えています。特にSHOWROOMや17LIVEなどの盛り上がりと共に、YouTube Liveもどんどん盛り上がっているように感じます。

　イベントやコンサートはもちろんのこと、コミュニティFM局がYouTube Liveを使えば、地域にラジオ配信しつつ同時にYouTubeでは世界中に配信していることになります。さらに道路の渋滞状況などの定点観測、猫や犬などの動物をずっと生中継している癒し系、NASAによる衛星からの中継など、さまざまな動画があります。

　生中継のよさは、視聴者とのインタラクティブ（双方向）なコミュニケーションでもあったりします。

　YouTube Liveでの新しいコミュニケーションスタイルも、これからのYouTuberには求められるようになっていくのかもしれません。

● FM ぎのわん

https://www.youtube.com/c/FM ぎのわん宜野湾市

| 初心者 | 中級 | 上級 |

絶対法則 04

ツタワリ❷ 行動を指示する導線を動画に組み込む

動画を伝える道具にするためには、意図的に伝えたり相手を動かすしかけを動画に組み込むことが必要になります。人間の習性をうまく利用することで、偶然ではなく確実に相手に伝える動画にすることができます。

ビジネス	YouTuber
自社サイトへの誘導や購買、YouTube チャンネルの登録など、目的に応じた行動指示で、目的を達成する動画をつくることができます。	多くの人に見てもらうためには、拡散してほしいことなど、動画を多くの人に見てもらいたいことを動画の中でハッキリ言ってみることが大切です。特に YouTuber にとって YouTube チャンネルの登録依頼は必須です。

人は行動指示にしたがう

　伝わる動画はどのようにつくったらいいのでしょう。もちろん偶然にはつくれません。動画を制作するときに意識しておきたいポイント、それは「**視聴者にしてほしいことをハッキリと動画に盛り込む**」ということです。

　私たちには自然と行動指示にしたがう習慣があります。幼いころから私たちは集団活動の中で「右向け右」などの行動指示に慣れ親しんできました。こんなバックボーンもあり、**誰もが潜在的に行動指示にしたがわなければいけないという気持ちを持っている**のです。

　動画の目的は伝えるだけでなく、そこから何かしらの行動に移してもらうことです。製品のWebサイトへ誘導するなら「詳しくはWebサイトへ！」となります。YouTuberだったら多くの人に見てもらいたいしYouTubeチャンネルを登録してほしいわけですから「面白いと思ったら友だちに紹介してね！」とはっきり動画に組み込むことで自分のゴールに近づきます。台本を書くときはもちろんのこと、現場でもこの行動指示をどう盛り込むかを考えて撮影するといいでしょう。

　次の項の話になりますが**YouTubeではYouTubeチャンネルを登録してもらうことが大切になります。**ですからYouTuberは「**チャンネル登録してね！**」とチャンネル登録を動画で促すのです。

● 動画を利用したWebサイトへの行動指示の例

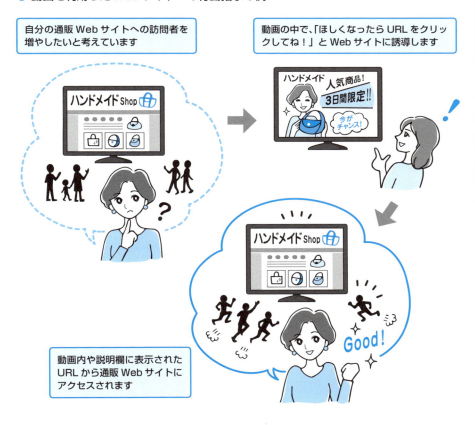

何をしてもらいたいか、ゴールをイメージしてから動画をつくる

　行動指示を考えるときに、必ずやっておかなくてはいけないことが「**ゴールを明確にする**」ことです。

　ゴールを明確にしないと当然ゴールに誘導できないですし、ゴールを間違うと違うところに誘導してしまいます。気をつけなくてはいけないのが、動画を複数人でつくったり外注したりするときです。制作者が複数になるということは、チームでつくるということになります。このチーム内でゴールの共有ができていないと、ちゃんと行動指示ができなかったり、まったく違うゴールが設定された動画になってしまいます。これを防ぐために、**チームで制作するときは必ず制作の初**

期段階で意志を共有化するためのミーティング（キックアップミーティング）を開くようにしましょう。ミーティングといっても会議をする必要はなく、食事をしながらでも車の中でも大丈夫です。大切なのはゴールの共有化なので、形式にこだわらず、ざっくばらんにメンバーが発言できることが大切です。

　ゴールが決まれば、あとはそこへどう誘導していくかです。表現はよくありませんが、魚を網に追い込むようなものです。**釣りやゲーム感覚でゴールへの行動指示が考えられるようになれば、動画の構成を考えたり台本を書いたりすることが楽しくなります。**

● キックアップミーティングはこんな感じで

タグを意識して、関連動画という導線をつくる

　ここまでは行動導線など人間工学的なお話をしてきましたが、YouTubeならではの導線のつくり方があります。YouTubeの動画には「タグ」というキーワードを登録することができます。タグのつけ方については 絶対法則44 で詳しくお話しするので、ここでは導線としてのタグの役割をお話しします。

　みなさんがYouTubeをご覧になると、同じような内容の動画が一覧で表示されたり、動画を視聴し終わったあとに続けて別の動画がスタートしたりすると思います。これが「**関連動画**」です。今、視聴している動画の内容に近いものが「**お勧め動画**」として表示されるわけです。

　ではこの関連動画は、どのようにして表示されているのでしょうか。残念ながらYouTubeも動画の内容を認識して関連した動画を探し出すことはできません。そのため、**アップロードした人が登録したタグなどの文字情報を情報源として関連動画を探し出している**のです。抽出方法はYouTubeのアルゴリズムになるの

で、どのようなしくみかはハッキリわかりませんが、一般的に、**同種の内容と認識されるタグがキーになっていることは間違いない**ようです。

　タグの書き方や適切な数などについては後述しますが、ここでは**タグがキーになって関連動画として、ほかの動画を視聴している人にお勧めされている**というしくみを理解してください。

　このようにタグは大切な項目なのですが、YouTubeの動画のアップロードでは必須項目になっていません。そのためタグがまったく登録されていない動画も多々あります。この場合もタイトル名などから関連動画の候補として検索はされますが、ヒット率が弱くなることは間違いありません。あなたの動画が「伝わる」ときに、知りあいだけでなくまったく知らない人に届くと、そこからさらに拡散することが期待できます。

　動画を拡散させるためには、いかに自分が知らない人に動画をリーチさせるかがポイントです。そのためにタグは大切な役割を果たします。動画のキーワードをしっかり意識して制作すればタグも簡単に思いつくので、**動画が多くの人に伝わるための必須項目である「タグ」を意識してアップロードしましょう。**

● 右側にお勧めの関連動画が表示される

ここに関連動画が表示される。きっちりとタグを設定すれば、自分の動画を中心に関連動画を表示することができる

初心者　中級　上級

絶対法則 05　ツナガリ❶ YouTubeチャンネルの活用のしかた

「YouTubeで大切なものは動画ではありません」というとびっくりされるかもしれませんが、YouTubeで大切なものは動画ではなく、YouTubeチャンネルなのです。YouTubeチャンネルは動画をまとめる場所としての機能だけでなく、YouTube活用のための中心的役割を担うのです。ここではYouTubeチャンネルの役割について考えてみましょう。

※ YouTubeチャンネルの詳しい設定方法は 絶対法則34 でお話しします。

ビジネス	YouTuber
「YouTubeチャンネル」というプラットフォームを持つことで、企業として動画マーケティングに軸を持った運用ができます。	自分の強みに特化した「YouTubeチャンネル」を持つことで、自分の強みをアピールするプラットフォームができ、固定視聴者であるファンづくりができます。YouTuberとして必須の項目です。

YouTubeチャンネルがブランディングのキーになる

　YouTubeには「**YouTubeチャンネル**」という機能があります。簡単にいうと、**あなたのアップした動画やお気に入りの動画などをまとめてくれているページ**です。

　このチャンネルは個人アカウントでの運営がデフォルトですが、ブランドアカウントYouTubeチャンネルとして「私の子猫チャンネル」など、テーマに沿ったタイトル設定での運営もできます。

　個人使用であればデフォルトの個人YouTubeチャンネルでいいのですが、ビジネスユースであれYouTuberであれ、YouTubeを活用していこうということであれば、理由は後述しますが、**2つ目以降のブランドアカウントでのYouTubeチャンネルで運営していくことが基本**になります。

　YouTubeに動画は一生懸命アップしているのに、残念ながらYouTubeチャンネルはいい加減というものもかなりたくさんあります。世界を舞台に活躍するメーカーでも、海外拠点のYouTubeチャンネルはしっかり設定されているのに、本国である日本のYouTubeチャンネルはお粗末なもの、なんてこともあります。

　キュレーションという情報集約サイトがWeb上に溢れるさまざまな情報をまとめることで人気を集めているように、**動画についても「まとめ（集約）サイト」としての機能として大切だということは間違いありません**。またYouTubeチャ

ンネルは自分の動画をアピールし、Web上で視聴の回流をつくるためのプラットフォームとしても大切な役割を担うので、しっかり設定してYouTubeブランディングの中心として運用していく必要があります。

YouTubeチャンネル＝動画情報の集積所と考える

YouTubeチャンネルの大切な役割は、「**自分の動画情報の集約機能**」です。YouTubeではものすごい数の動画が視聴されているわけですから、その中から自分のアップした動画を探し出してもらうのは大変なことです。そこで必要になってくるのが「まとめサイト」なのです。

YouTubeチャンネルは、まさにYouTube内のまとめサイトです。

チャンネルをしっかりつくっておくと、視聴者があなたの動画を数珠つなぎにどんどん見ていくことが可能になります。**せっかくアップした動画をYouTubeというくくりで何百万本のうちの1本として見られるか、「あなたの動画集」というくくりで見られるかで、動画の再生回数も大きく変わってきます**。いわばYouTubeチャンネルは自分のホームページです。玄関口としてしっかり運営していくことが大切です。

情報をしっかり盛り込む

　YouTubeチャンネルを設定したあとは、しっかりと情報を登録することです。YouTubeチャンネルでは「チャンネルの概要」や「ビジネス関係のお問いあわせ先」など、登録しておいたほうがいいと思われる情報が必須入力になっていないため、ついついそのままにしてしまいます。

　しかし視聴者からすると、動画をアップした人がどのような想いで投稿しているのか、そもそも投稿者は誰？　なんていう情報も知りたかったりします。そのためにもしっかり項目を埋めておくことが大切です。

　さらに「**ビジネスユースだと自社ホームページへの誘導**」が、「**個人のYouTuberであれば自分のブログなどに誘導**」できたりと、SEOやWeb上の導線として活用できるので、特に問いあわせ先やURLリンクはしっかりと入力しておくようにしましょう。ビジネスチャンスにつながる可能性がふくらみます。

● YouTube チャンネルの概要画面

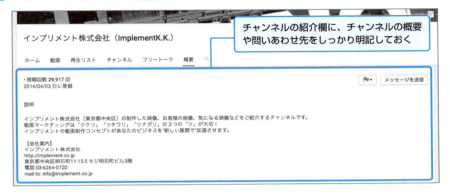

常にチャンネルを活性化させておく方法

　チャンネルをつくったあとは、ページをたくさん見てもらえるかが重要です。では、チャンネルを活性化させるために何をすればいいのでしょう。

　まず大切なことはコンテンツを増やしていくこと。動画の数が少なかったり、ずっと新しい動画がアップされないと退屈なチャンネルになってしまいます。**コンスタントに動画をアップして、常に変化があるYouTubeチャンネルにすることが、見てもらうためのチャンネルとして最も大切なこと**です。

　次にコンテンツの内容です。視聴数の多い動画をつくりたいですが、すべての動画で視聴数を増やす必要はなく、1つでも視聴数の多い動画があれば、そこからチャンネルに誘導されます。視聴数の多い動画は「**クオリティの高いもの**」「**ニュース的な即時性の高いもの**」そして「**ハウツーもの**」です。チャンネルのブランド化の中で動画の方向性を整理することは大切ですが、即時性の高いものや視聴者の役に立つ動画などをアップすることをお勧めしているのはこのためです。

　どんなにいい動画も気づいてもらえないと見てもらえません。まずはYouTubeチャンネルの概要や問いあわせ先などの入力情報をしっかり入力したうえで活性化させることを意識してみましょう。

複数の動画を絡めて選択の幅を広げられるチャンネルにする

　自分の動画をまとめてくれているチャンネルだからできることに、動画での複

数提案があります。たとえば、自社商品のPR動画で購買を促したいときに、1つの製品だけの動画情報を見せるのではなく、グレードの違う3種類の製品の動画を見せることができるようになります。

　商売ではよく松竹梅理論といって、グレードの違う3種類の製品を見せて真ん中の竹の商品を買わせる販売手法がとられます。人は押しつけられると拒否しようとしますが、選択となると、どれかを選ぼうとする習性を持っています。この方法が動画でできるといいわけです。

　チャンネルにグレードの違う3つの製品の動画をアップしたり、「**再生リスト**」という機能で3つの製品の動画を連続で見られるようにすることで、この選択してもらうための情報の提案が動画でできるようになります。「**動画を単体で考えるのではなく、複数の動画を絡めて見せ方を考える**」、これがYouTubeチャンネルを上手に使うテクニックです。

YouTubeチャンネル登録でツナガリの回流をつくる

　ここで、YouTubeを活用するうえでのYouTubeチャンネルの役割についてお話しします。

　YouTubeチャンネルの最も大きな役割は、視聴者と動画をつなぐHub（接点）となることです。YouTubeにおける動画プロモーションを3つのステージに分けて考えるとわかりやすくなります。1つ目は**コンテンツである動画をつくる**「Production Stage」、2つ目は**動画を検索してもらったり広告をかけたりする**「Promotion Stage」、3つ目は**視聴者と接する**「Marketing Stage」です。

● YouTube 動画プロモーション概念図
「Production」「Promotion」「Marketing」3つのStageをカバーすることで最大限の効果を

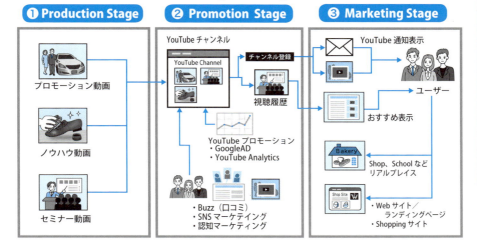

　プロモーション動画のDVDをつくって配るときは、Production Stageから直接視聴者のいるMarketing Stageにつながっているので、Promotion Stageに広がりがなく、個別営業的要素の強いマーケティングになります。**YouTubeに動画をアップしていても、YouTubeチャンネル運営を行わず動画をホームページに組み込んでいるだけの場合も同じ状況**といえます。

　これにインターネットの拡散性を組み込むために必要なのがPromotion Stageであり、YouTubeではYouTubeチャンネルがその役割を担うこととなります。

　具体的には、**YouTubeにアップされた動画はYouTubeチャンネルに蓄積され、あなたのコンテンツが自動的にアーカイブされます**。そのため、ある1つの動画に興味を持った視聴者をYouTubeチャンネルに誘導することで、ほかの動画に気づいてもらうことができます。もともと自分の動画を見てくれている視聴者なので、属性や相性がいいことも利点です。これによりあなたを知ってもらいファンになってもらえます。

　YouTubeにはものすごい数の動画がアップされているので、あとでこの動画やYouTubeチャンネルにある動画が見たいと思ったら「**チャンネル登録**」というブックマークをしてくれます。この「チャンネル登録」こそ回流をつくる重要なポイントなのです。

　「チャンネル登録」をしてもらうと、その登録をしたYouTubeチャンネルに動

画がアップされるごとにYouTubeから視聴者にメールで新しい動画がアップされた通知が届きます。またスマホだと、待受画面にポップアップで動画がアップされた旨のメッセージが表示され、新着動画を知ってもらえます。たとえ動画を見ることがなくても、YouTubeチャンネル名や動画のサムネイルを見ることになるので、記憶に残り認知が高まります。

● **スマートフォンの待ち受け画面にメッセージがポップアップ**

　この**視聴者の記憶に残り、記憶を甦らせるYouTubeチャンネルのしくみは、ぜひ使ってほしいYouTube活用法**です。特にリフォームやコンサルティングなど、毎日依頼するわけではなく、ある必要な事象が発生したら依頼する仕事などの場合は、その事象が発生したときに、社名やサービス名を真っ先に思い出してもらうことが大切になります。この**記憶をつなぎとめておき、思い出しやすい状況をつくって、視聴者をファン化リピート化していくのに、YouTubeからのメールやメッセージは大変大きな効果を発揮する**のです。

● **YouTube チャンネル登録による視聴スパイラル**

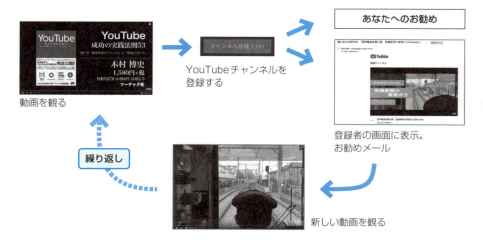

初心者 中級 上級

絶対法則 **06**

ツナガリ❷ **Facebook、Twitter、LINE、Instagramの活用で入口を増やす**

YouTubeのメリットは、Webを通してどこまでも視聴者が広がっていくことです。そのための最初のアプローチは、友人や知人ということも多いでしょう。Facebook、Twitter、LINE、InstagramなどのSNSは、動画を拡散させるには最高のツールです。ここではそれらの特長を理解して、効果的に動画を拡散させる方法について考えてみましょう。

ビジネス	YouTuber
LINEやTwitterなどのSNSを企業が販売促進に活用する機会が増えています。この企業プラットフォームにYouTube動画を加えることで、さらに活性化させることができます。	口コミは自分の知りあいからが基本です。花火のように広がっていくSNSは、YouTuberにとって格好の告知ツールです。コミュニティ形成、ファンとの接点の多様化の面からも、SNSを複合的に活用しましょう。

Web上のサービスを使ってクモの巣のように入口を増やす

いい動画をアップしても、その動画を見てもらえないと伝わる動画にはなりません。露出度を上げるにはまず気づいてもらうことが大切です。この「**気づいてもらう**」ということこそWeb上でさまざまなサービスと連携性のあるYouTubeの強みといえるでしょう。

YouTubeは日本では6,500万人を超えるユーザーがいるといわれているSNSですが、あまりそのことを意識することがありません。

LINE、Facebook、Twitter、Instagramがテキストや写真の掲載を中心とする静止的なSNSであるのに対して、YouTubeは動画のSNSです。ほかのSNSと異分野であることこそYouTubeがSNSであることを意識させない要因です。裏を返せば、異色な分だけほかのSNSとはサービス

● 国内のSNSの利用者数

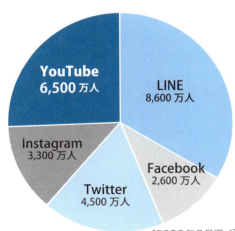

[2022年3月調べ]

が競合することなく、相性よく組み込むことができるのです。この意味ではYouTubeは最もほかのSNSに乗っかりやすいSNSだといえます。

　FacebookやTwitterなどのSNS、ホームページやブログへの組み込み、さらにはYouTubeのほかの動画からの紹介など……。YouTube動画は工夫すればさまざまなところで露出できるので、そこから自分の動画への誘導が期待できます。

　さらにこれらのサービスは、SNSとブログの連携など、サービス同士が複雑に絡みあいながら膨らんでいくので、ひとつのサービスで紹介されたYouTube動画が、クモの巣のように絡みあいながらさまざまなWebサービスを通じてどんどん広がっていきます。

　このために必要なことは、**まずWeb上のSNSなどのプラットフォームにたくさん動画を紹介すること**です。あたりまえですが、接点が多ければ多いほど動画が人目につく可能性が高くなります。もしかしたら自分では面白いと思わなかった動画が、多くの人に面白いと思われるかもしれません。自分だけで勝手に判断せず、予想外の広がりを期待してさまざまなサービスで動画をどんどんアップして紹介していくようにしましょう。

Facebook、LINE、Instagramと連携活用させるコツは自動再生機能

　YouTubeと親和性の高いサービスをいくつか見ていきましょう。

　これらのサービスの利用者は重複してはいますが、利用者が最大のLINEとなると8,900万人と、日本人の半数以上が利用していることになります。もはやテレビにも勝る媒体となったSNSを上手く使うことによって、動画は予想もできないほどの広がりをみせます。自分の動画との親和性も考えながら、できるかぎりたくさんのサービスを利用していくことが大切です。

　また、Facebook、LINE、Instagramで採用されたタイムラインでの動画の自動再生機能は大変魅力のあるしくみです。**従来のURLリンクだと、クリックしてはじめて動画が見られましたが、自動再生機能によって、タイムラインの中で動画が自動再生されるので、自ずと動画を視聴するようになります。**

　再生時間制限や、動画の解像度（サイズ）が異なるなど、対応しなくてはいけない制約はいくつかありますが、「動画を視聴させる」ということでは大変な進歩です。

　ただ、YouTubeにアップした動画をほかのSNSで自動再生することはできません。それぞれのSNSにアップした動画が自動再生されるので、たとえばFace bookであれば、同じ動画をFacebookにアップし、自動再生させながら記事の部分にYouTubeの同じ動画へのURLリンクを貼りつけるといった工夫が必要です。

● Facebook

実名投稿型のSNSで、日本では2008年にサービスがスタート。2021年7月の日本でのユーザー数は2,600万人。実名投稿であることから、社会人の利用も多く、ビジネス、エンターテイメント、どちらのアプローチも可能です。

● Twitter

140字以内の短文で投稿するSNS。その身近さから日本でも利用者が増え、2017年10月の日本でのアカウント数は4,500万人。書き込みをツイート（つぶやき）というように、気軽に投稿できることから、ニュースなど即時性のある話題に強いのが特長です。

● LINE

日本発のインスタントメッセンジャーとして国内での認知度も高いLINEは、2011年にサービスがスタートして、その利用者数が2021年1月には8,600万人となりました。Facebookのタイムラインのように誰でも閲覧できるようなオープンな投稿ではなく、友人とのクローズドな環境での利用や、スタンプといわれるキャラクターをハンコ代わりに使える直感性がLINEの特長です。その特長から利用者の幅が広く、エンターテイメント系はFacebookよりLINEのほうが強いと考えていいでしょう。

リンクはSEO対策にもなる

　さらに、**YouTubeはWebサイトのSEO（Search Engine Optimizer、検索エンジン最適化）対策として利用することができます。**前述のとおり、SNSやブログを活用することでYouTube動画は拡散していきます。

　YouTubeがさらに魅力的なのは、YouTubeチャンネルやアップロードした動画に、自社サイトや商品ページなど関連サイトへの誘導を促すURLを記載することができることです。

　拡散した動画から、自社サイトなど閲覧者を増やしたいWebサイトへの誘導が見込めます。もちろんGoogleのサービスですから、検索エンジンのクローラーによる本来のSEO対策としての効果も期待できます。詳しくはあとの項でお話ししますが、YouTubeをSEOに活用することは常に念頭に置いておくようにしましょう。

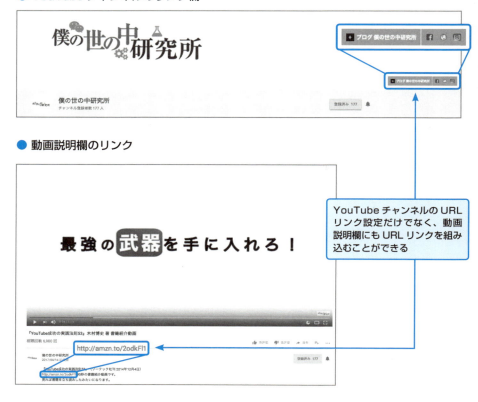

● YouTube チャンネルのリンク欄

● 動画説明欄のリンク

YouTube チャンネルの URL リンク設定だけでなく、動画説明欄にも URL リンクを組み込むことができる

情報発信力をつける

　ここまで、SNSなどさまざまなWebサービスを利用したYouTube動画の拡散方法についてお話ししてきました。

　その根本には「**情報発信力**」があります。SNSやそのほかのサービスに登録しても、フォロワーや友だちがいなければ誰にも伝わりません。**大切なことはプラットフォームだけでなくあなたの情報発信力**です。

　SNSを活用したいのであれば、コツコツとフォロワーを増やす努力を惜しんではいけません。動画にかぎらず積極的に情報をアップしたり、他人の書き込みをこまめにチェックしたりと、活気あるSNSにして自分の伝えたいことが伝わるプラットフォームをつくっておくことが大切です。

Chapter - 2

伝わる動画のつくり方

「伝わる動画」にするためにはつくり方があります。短い時間でクオリティ高く、さらには伝えるためのしかけも盛り込んだ動画をつくるテクニックをお伝えします。視聴者に伝えるためのしかけを確実に盛り込めば、誰でも無理なく「伝わる動画」をつくることができます。

初心者　中級　上級

絶対法則 07 動画初心者が気をつけること 〜マインド編〜

動画を撮るときに、最初に乗り越えなくてはいけないのは「心の壁」です。上手くつくれるかな？　カメラに撮られるのは恥ずかしいなと、撮られることを経験したことがないと、どうしても臆病になってしまいます。まずはこの気持ちを乗り越えること！　そこから動画づくりがスタートします。

ビジネス	YouTuber
ビジネスユースだからといって、カタくなる必要はありません。楽しくつくれば楽しく伝わります。仕事であると考えず、伝える気持ちでつくってみましょう。	動画の中で自分が楽しめると、その楽しさは画面を通じて視聴者にも伝わります。楽しい動画はSNSなどでシェアして、多くの人とその気持ちを分かちあいたくなり、どんどん広がっていきます。まずは自分も楽しい動画で視聴者を楽しませてみましょう。

▎動画制作は難しくない

　「動画をつくる」というとどんなイメージを持ちますか。コワそうな監督がメガホンを握って、俳優さんを多くのスタッフが取り囲み、スタート！　の合図とともに現場に緊張感がほとばしる……。こんなの無理だ！　と思った人も心配無用です。この本でマスターしようとしている動画は「売れる！　伝わる！　動画」です。あなたの目的を達成するための動画ですから、制作過程が大事なのではありません。**1人でコツコツとつくっても、あなたが届けたいと思った人にその想いが届けば、その動画は成功**です。動画は「視覚」「聴覚」と、人間の感覚に訴えかける表現であり、伝えたい人も千差万別、表現の方法は無限大、答えがないものなのです。答えがないから間違えがない。そんな気持ちで、まずは動画をつくる心を奮い立たせましょう。

▎「自分」を恥ずかしがらないことが大切

　動画に出演する人のプロとシロウトの差は何でしょう。イケメンとか美人とか、スタイルがいいとか、滑舌がいいとか、そういうことではありません。答えは簡単、「**堂々としている**」ことだけです。
　テレビを見ていてもそうです。ドラマやバラエティーに出演している人の全員がイケメンだったり美人だったりするわけでもないですし、お笑いタレントの中には、方言や独特の節回しで人気がある人もたくさんいます。共通しているのは、

カメラの前で堂々としているということです。

　私は動画を収録する前にできるだけ出演者と雑談をするようにしています。特に動画撮影に慣れていない人であればなおさら雑談をして、楽しい時間をつくることを心がけています。動画撮影がはじまってからいきなり声を出してもらうのではなく、**事前に雑談の中で声を出したり笑ったりしてもらうことで、撮影の予行演習になる**からです。これで出演する人の緊張がほぐれて、自然な姿でカメラに映ってもらうことができます。自然な姿は堂々とした姿への第一歩ですし、何より出演者がカチカチだと視聴者も緊張してしまいます。

　「カメラを意識するな」といっても、とても難しいと思います。そんなときは**誰かにカメラの真横に立ってもらい、その人に向けて話しかけてみるのもいい**でしょう。対話をしているようになり、きっと緊張がほぐれて自然な自分が表現できると思います。

● 収録前に緊張をほぐす工夫をしよう

出演者が収録前にゲストに話しかけ、撮り慣れていないゲストの緊張を和らげます。(「りえ＆たいちの会社を伝えるテレビ」収録現場)

楽しく撮って伝えることが大切

　恥ずかしがらないことに加えて大切なことは「**楽しく撮る**」ということです。動画は、視覚と聴覚に訴えることができる素敵な伝達手段です。それだけに、不思議なことに雰囲気が動画で伝わります。**楽しく撮れば視聴者にも楽しく、いやいや撮れば視聴者にも重たく伝わってしまいます**。たとえば、長い台詞を話すときに、台詞を正しく読むことばかり考えて棒読みしてしまうと、間違ってはいけないという重たい雰囲気が動画にも出てしまいます。「売れる！　伝わる！　動画」では**正しく読むことが正解ではなく、正しく伝わることが正解**です。生中継でなければ、何度間違ったって大丈夫なのが動画撮影のいいところです。**失敗を怖がるのではなく、堂々と恥ずかしがらずに楽しく動画を撮ってみましょう。**

初心者 中級 上級

絶対法則 08 動画初心者が気をつけること ～テクニック編～

動画制作にはとエフェクトと呼ばれる映像効果など、さまざまなテクニックがあり、制作に慣れてくると覚えたテクニックやエフェクトをどんどん使いたくなります。これらは効果的に使うとかっこいい動画にしあがるのですが、必要以上に映像効果が使われた動画は視聴者には見づらくてしかたありません。動画はあくまでも視聴者に見てもらうもの。自分がつくりたい動画ではなく、視聴者が見たくなる動画をつくりましょう。

ビジネス	YouTuber
会社や商品をカッコよく見せようとして過多な演出やエフェクトを盛り込んでしまうことがありますが、不必要な演出は見づらいうえに清廉さがなくなり、かえって残念な結果になりかねません。シンプル・イズ・ベストを意識して動画をつくってみましょう。	テロップやエフェクトなどのテクニックの活用は、動画をドラマチックで迫力のあるものにします。また動画のテンポをよくするための YouTube 独特の編集方法もあるので、これらをマスターして、低予算でトップ YouTuber クオリティの動画をつくるノウハウを身につけましょう。

必要以上の編集をしない

　動画制作の中でも、「編集」作業は制作者の技量と自己主張がしっかり表現できることから、最も醍醐味のある作業といえます。それだけに視聴者や動画の目的を忘れて、自己満足に走ってしまう危険性が高い作業でもあります。

　絶対法則26 でお話ししますが、動画編集ソフトは無料有料を問わず、いろいろな映像処理が可能な**エフェクト**という機能がふんだんに盛り込まれていて、誰でも簡単にさまざまな処理を施すことができるようになっています。

　この簡単にできるというのが曲者です。簡単な作業で映像が劇的に変化するので、初心者ほどこの変化することがうれしくなってしまい、意味のない映像効果を加え、見ている人が「？」となる動画をつくってしまいます。

　繰り返しますが、映像は視覚、聴覚という人間の感覚に直接訴えかけられるツールです。それだけに**意味のない映像処理は視聴者の感覚を崩してしまい、結果、伝わらない疲れる動画となってしまいます。**

　相手の感覚に訴えるには、映像処理にも意味がないといけません。「シンプル・イズ・ベスト」を肝に銘じて、意味のある編集を心がけましょう。

● 意味のない映像効果をかけた映像例

「ページターン（ページめくり）」を意味もなくかけた映像

「フリップオーバー（反転切換え）」を意味もなくかけた映像

テロップの使い方を考える

　テレビのバラエティ番組などを見ていると、「**テロップ**」という映像に文字が表示される処理が多用されていることに気づきます。最近は発した言葉にあわせてテロップをつけることで迫力を出すというテクニックが喜ばれています。

　動画の中の言葉と同じように表示されるテロップを、この本では便宜上、口にあわせて表示されるテロップということで「**マウステロップ**」と呼びます。テロップは動画編集ソフトで、字幕機能を使えば簡単に設定できることもあり、つい必要以上にテロップを多用してしまいがちです。

　テロップを効果的に使うには、次の２つのシチュエーションを考えます。

❶ 動画に迫力やアクセントをつけたい
❷ 無音での再生を前提にテロップを読ませたい

　❶のコツは、**キーワードや感情の高まり（「本当ですか！」など）をテロップ**

の基準にすることです。やってはいけないのは、必要以上にテロップを多用することです。せっかくのキーワードや感情の高まりが埋もれてしまうことになります。テロップは、ここぞ！　というところの切り札に使うと、伝わる動画ができあがります。

　注目すべきは❷です。たとえばホームページやSNSに動画を組み込む場合、音を消して映像を楽しむシチュエーションが多分に考えられます。また最近の電車には、動画広告（デジタルサイネージ）用のディスプレイが取りつけられているものも多く、これらは無音で動画を視聴することが前提になっています。動画が身近になる中で、**サイレントでの動画視聴というニーズが高まっている**わけです。

　これに対応できるのがテロップです。この場合、話しているすべてを文字にしてしまうと、情報過多になってしまい視聴者は文字だけを追ってしまうことになります。

　このようなときは「**台詞を要約**」してください。**画面の幅にあわせた適度な文字の大きさと切り替わりのスピードが、視聴者に伝わる動画のポイント**です。

● テロップ用に台詞を要約（MEGWINTV）

大事なのは、楽屋落ちしないこと

　この本の目的は「売れる！　伝わる！　動画」なので、絶対にやってはいけないのが「**楽屋落ち**」です。

　つくり手が主役になりすぎると、意識せずについ楽屋落ちを盛り込んでしまいます。動画は視聴者に見てもらうためにつくります。伝わらないネタは視聴者にとって時間の無駄なので、動画をストップされてしまう要因にもなります。

　楽屋落ちはネタだけでなく、言葉にも気をつけなくてはいけません。言葉の定義は人それぞれです。たとえば「家族」という言葉から、ある人は子どものいる4人家族を思い浮かべるかもしれません、ある人は共稼ぎの夫婦を思い浮かべるかもしれません。言葉は視聴者ごとに捉え方が違うわけです。

　ここで動画の視覚と聴覚に訴えるメリットが発揮されます。簡単なのは「**イメージ誘導**」です。子どもと夫婦の家族の写真を背景に「家族」という言葉を使えば、視聴者の多くは「子どものいる家族」を思い浮かべるといった効果です。

　「家族」のように個人をグループとして束ねるような言葉は、言葉の定義があやふやになりがちです。的確に言葉の定義を伝えたいときは、必ず「特定」する単語にするか、イメージを誘導するかで正しく伝わるようにしましょう。

- ペット　⇒　ワンちゃん、ネコちゃん……
- ランチ　⇒　和食、洋食、中華……
- 道　路　⇒　高速道路、国道、農道……

　とはいえ楽屋落ちをすべて否定するわけではありません。

　出演者の人間味を醸し出すためにあえて挿入することもあります。たとえば仕事一本やりの真面目な人が身内にだけ見せるほっとした表情、この落差を動画に組み込むことで身近な存在に近づけることができます。

　この場合に大切なのは、ストーリーです。**楽屋落ちが、実は出演者の人間味を演出する仕掛けとしての「オチ」になるように「楽屋落ちに向けたストーリー」をつくれば、それは「売れる！　伝わる！　動画」になります。**

| 初心者 | 中級 | 上級 |

絶対法則 09 誰が撮るか決める ～自分撮り～

動画を撮るときは誰かに撮ってもらうことが基本ですが、お願いする人がいなかったり、自分だけのほうが恥ずかしくなくていいというときもあります。そんなときはカメラを上手に固定することで、クオリティの高い動画が撮れます。スマートフォンによる撮影が増えているので、ここではスマートフォンを使った自分撮り（自撮り・セルフィー）についてお話しします。

ビジネス	YouTuber
公開を急ぐような動画は、誰かに頼むより自分だけで撮影したほうが早かったりします。そんなとき自撮りの方法を知っていると、ビジネスユースとして耐え得るクオリティの動画がつくれます。	気軽にいろいろと試しながら動画をつくるときは、自分1人で撮ったほうが気楽だったりします。1人で撮っても公開したときのクオリティを一定に保てる撮り方を知っていると、視聴者が満足する動画がつくれます。

▌自分撮りの撮り方（カメラ固定方式）

　自分で自分を撮影する「**自撮り**」の場合、短い映像や写真だと自分にレンズを向けたカメラを手に持って撮影する方法もありますが、手振れがひどくなったり違和感のある構図になりがちです。基本は、三脚などでカメラを固定したほうがいい映像が撮れます。

　このとき気をつけてほしいのが、カメラの位置です。固定カメラなので、映像が近寄ることも左右に振られることもありません。それゆえ、同じ映像でも視聴者が飽きない映像にしておく必要があります。

　たとえば、**画面いっぱいに顔を映し出すとメッセージは強く伝わるのですが、強く伝わりすぎるので長時間見ていると緊張してしまい、疲れてしまう**映像になります。反対に映像を引き気味にして体全体が入るような映像にしてしまうと、顔や体の微妙な動きが読みとれなかったり、被写体（自分）以外のものも多く映り込むことになるので、視聴者の注意が散漫になってしまいます。

　詳しくはのちほど 絶対法則19 でお話ししますが、**固定の場合は画面の3分の1程度をあなたの顔が占めているくらいの絵柄にする**と、目の動きなどもしっかり伝わりますし、長時間の視聴でも緊張感を感じない距離感の動画になります。自分だけで撮るときは、「話す内容」などに気がいってしまいますが、視聴者のことも考えて、画面の中の配置についても気を配ってみると、自撮りでも素敵な動画を撮ることができます。

● 画面の中の自分の顔が占める割合を3分の1程度で考えてみる

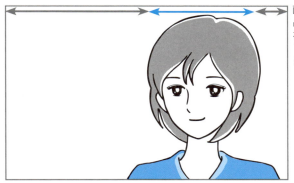

画面の中の自分の顔が占める割合を、頭の幅を基準に画面の3分の1程度で考えてみましょう。

スマートフォンやタブレットは動画撮影アプリが充実している

スマートフォンの普及で、モバイル端末でも動画が簡単に撮れるようになりました。そのため自撮りならわざわざビデオカメラを準備することもなく、モバイル端末ですませようという人も多いと思います。

モバイル端末の場合、標準装備の動画撮影アプリだけでなくストアを介して有料無料を問わずさまざまな種類の動画撮影アプリが出ています。

筆者はiPhoneでは「**ProCam 6**」というアプリを使っています。このアプリで動画を撮ると画面上に平行器が表示され、画面のバランスが取りやすかったり、色などさまざまな設定が簡単に調整できたりと、スマートフォン標準のカメラアプリにはない、撮影に便利な機能があるのが魅力です。

このアプリ以外にもiPhone、iPadであればApp Storeで、AndroidであればGoogle Playなどのアプリ購入サイトで「動画　カメラ」と検索してみてください。たくさんのアプリがヒットします。それぞれに特長があるので、あなたにあったアプリを見つけるのも楽しいかもしれません。

モバイル端末での撮り方

　カメラを持った手を伸ばして自分を撮るセルフィッシュで動画を撮るとどうしても手ブレがひどくなります。動画は少しでもブレると画面の揺れが発生して視聴者が気になってしまうので、**モバイル端末でも、基本は固定して撮影する**ことを心がけます。

　モバイル端末の固定には、机の上に置いて使用する「**モバイル端末用のミニ三脚**」があるので、こちらを購入してもいいですし、代用するなら「**洗濯バサミ**」でモバイル端末を挟んで机の上に置けば、立派に三脚の代わりをしてくれます。

　ただこの方法で残念なのは、映像が常に下から自分をあおった状態の絵になってしまうことです。

　詳しくは 絶対法則13 でお話ししますが、下から人を撮った（**あおり**）映像は、視聴者に威圧感を与えてしまいます。また下から上に向かって撮るので、鼻の穴が必要以上に大きく見えたり、頬から下あごにかけて強調されてしまうため、下ぶくれの顔になってしまいます。**威厳をつける動画であればこの方法でいいのですが、女性が優しさやかわいさを表現する動画でこういったあおりの撮り方をす**

ると、興ざめな映像になってしまいます。

　優しさを表現したり目をぱっちりと撮りたいのであれば「俯瞰(ふかん)」といって、カメラで上から下に向かって撮る方法を選ばなくてはいけません。この方法ならカメラを見ると上目遣いになり目がぱっちりして、頬からアゴにかけてレンズから遠くなるので頬がすっきりした印象で撮影できます。Instagramで話題の女の子たちも俯瞰で撮った写真がアップされていることが多いですね。

　この撮り方をするのに便利なのが、「**物干し竿用の大きな洗濯バサミ**」です。この洗濯バサミにモバイル端末を挟み、モバイル端末と反対のつけ根の部分を自分の目線より高い本棚などに差して使用します。大きめの洗濯バサミですからモバイル端末の角度も比較的自由に設定できますし、本棚などに差し込んだときも安定します。スマートに撮るなら「**自撮り棒**」や「**手持ちの一脚**」があります。

　自撮り棒を使うと手を伸ばして自分を撮るより距離が離れるので、自然な映像を撮ることができますし、安定して俯瞰もあおりもブレることなく撮影することができます。少しの工夫で視聴者に与える印象が大きく変わるので、**自撮りのときも、どうやって自分を見せたいかよく考えてカメラを配置する**ようにしましょう。

● 自撮り棒を本棚から固定して俯瞰撮影

● 洗濯バサミとiPhoneであおり撮影

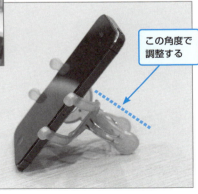

この角度で調整する

初心者　中級　上級

絶対法則 10 動画制作をプロに頼むときの3つのポイント

クオリティの高い動画をつくりたいときは、プロの業者に頼むことも選択肢です。ただプロに頼んだから安心ではなく、プロにも制作内容によって得意不得意があるので、いくつかのポイントを押さえてからお願いしないと自分の思っていた動画と違った動画ができあがってくることになります。ここではプロにお願いするときのポイントを3つに絞ってお話しします。

ビジネス	YouTuber
プロと分業することで、制作をしくみ化することができ、担当者個人に依存することなく、業務として安定的に制作できる体制になります。	自分では気づかない特性をプロの目でしっかりと映像にしてもらえます。また自作では得ることができないテクニックがわかったりコツがわかったりと、これからの動画制作に活かせる知識を得ることもできます。

Point 1　予算と制作内容を確認する

「プロのカメラマンにお願いしよう！」と思っても、誰にどうやってお願いしたらいいのでしょうか。プロのカメラマンにお願いするには次の2つの方法があります。

❶ 動画制作会社にお願いする
❷ フリーランスで活動している動画制作者にお願いする

❶については、会社に何人もカメラマンや制作に携わるスタッフがいて、あなたの依頼内容に応じてカメラマンなどの動画制作者を手配してくれます。ただし、多くの人を雇って事業をしているため、制作費用は高めになります。

それに対して❷は、個人にしても会社形態にしても1人で経営していることが多いので、制作費用も比較的安価で、ときにはあなたの予算にあわせてくれることもあります。ただし個人ですから、本人以外の代替がいないので、運営の安定性や企業などの動画制作では、情報管理の観点から難しいこともあります。これら映像制作会社は、インターネットで「映像制作　東京」などと検索すれば、たくさん見つかります。

動画は制作内容によって制作費に大きな差分が生じるため、❶も❷もインターネット上で費用を公開していることはあまりありません。費用が公開されていな

い場合は、制作内容を伝えて見積りをしてもらうようにします。

　費用を公開している場合はその費用の範囲内で制作することになるので、どこまで制作対応してくれるのか、必ず確認しておきましょう。これらを確認したうえで、予算と制作内容にあう業者にお願いするようにします。

Point 2　得意、不得意を確認する

　2つ目のポイントは、制作の得意・不得意を確認することです。カメラマンも人間です。得意なこともあれば不得意なこともあります。結婚式をメインで撮っているカメラマン、インタビューをメインで撮っているカメラマン、テレビ番組をメインで撮っているカメラマンなど、業務内容が偏っているときは、**自分が撮ってほしい内容と相性がいいかを確認することが大切**です。

　また、得意・不得意は収録だけではありません。収録から編集までワンストップで対応できる場合もあれば、収録はできるけど編集はできなかったり不得意だったりと、業者によってまちまちになります。**依頼するときに動画の制作過程をどこまでお願いできるか確認しておかないと、あとで大変なことになってしまいます。**

　この確認は、動画制作の幅広い知識がないと判断がつかないため、初心者には難易度の高いものになります。自信がないときは、費用が少し高くても、最初から最後までお願いできる映像制作会社への依頼を検討したほうがいいかもしれません。

Point 3　つくる想いを共有できるかを確認する

　3つ目のポイントは、業者を決定するときに1番大切にしなければならない「**つくる想いを共有できるか**」ということです。

　プロに制作をお願いするということは、「**あなたの想いを伝えるための表現をお願いする**」ということです。そのためにあなたと制作者の想いや方向性がしっかりマッチしないと、あなたが求めるゴールにたどり着けない動画になってしまいます。

　私も動画制作を依頼されたときは、必ずクライアントとミーティングをします。そこで、目的や想い、キーワードなど、クライアントに代わって「**表現をカタチにするために必要な情報**」をしっかりと共有し、さらにその情報を制作に携わるメンバー全員とも共有するようにしています。こうすることで同じ方向に一丸となった制作の体制をつくることができるわけです。

目的や想いをしっかり伝え、それを受け止めてくれる制作者と出逢うことができれば、あなたの想いが最大限に伝わる動画ができあがります。

● **自分が撮ってほしいイメージを持って、業者をあたる**

● **動画制作はつくる想いを共有できるかがポイント**

❶ 収録前の打ちあわせで想いをしっかり共有

❷ 収録の現場で想いをしっかり形にする

YouTuberと動画がつくれるサービス

　動画には、使う場面にあわせたつくり方があります。テレビにはテレビの、映画には映画の、YouTubeにはYouTubeに相性のいいつくり方があります。本書でもYouTubeに相性のいいつくり方を紹介していきますが、プロのYouTuberに、「YouTubeに相性のいい動画」をつくってもらうのも、ひとつの方法です。

　YouTuberに頼むって、そんなの無理だというあなたに、動画作成から運営、サポートまでしてもらえるサービスもあります。

　株式会社MEGWIN TVのMEGWINさんが運営する「see go!」は、毎月定額で動画の企画サポート、編集から運営まで請け負ってくれるサービスです。MEGWIN TVと企画の打ちあわせをしてつくった企画にあわせて、撮影は自分でスマートフォンなどで行います。

　あとはその撮影データを使ってsee go!が編集してYouTubeにアップして運営までしてくれます。YouTubeを短期間で活用できるところまでもっていきたいときや、YouTuberのコツを短期間に学べるということからも、面白いサービスです。

http://seego.jp/

| 初心者 | 中級 | 上級 |

絶対法則 11 人を引きつける動画のための「ネタ」と「台本（ストーリー）」のつくりかた

家族の成長を記録するホームビデオと違い、ビジネス動画や稼げる動画には意図的なしかけやストーリーを盛り込む必要があり、それには「ネタ」と「台本（ストーリー）」が必要になります。あなたの意図（ネタ）する動画がちゃんとできあがるように、構成やストーリーをまとめて、机上でシミュレーションする道具が「台本」です。ネタづくりと台本は効率よく動画をつくるためにはなくてはならないものなので、つくり方をしっかりマスターしましょう。

ビジネス	YouTuber
ビジネスにおいては、内容はもちろんのこと、表現やセリフに対する企業責任も意識しなくてはいけません。台本で事前に内容を確認しながら制作することは、コンプライアンスの観点からも重要な作業です。	動画を拡散してもらうために、ネタづくりはとても大切な作業です。シーンの順番によって、ドラマティックに伝わり方を操作することもできます。自分流のネタづくりのコツをつかんで、しっかり構成してストーリーをつくれるようになれば、オリジナリティあふれるYouTuberになり、ファンもチャンネル登録者も増えていきます。

ネタは「試す」と「代行」、2つのキーワードでつくれる

　動画をつくりはじめると、悩むのがネタづくりです。最初は人気YouTuberや人気動画のマネをして動画をつくり出しても、オリジナリティが出せず行き詰ってしまいます。考えたネタも「こんなものでいいのだろうか？」と自問自答してしまい、なかなかカタチにできなくなってしまったりもします。

　こんなときは、**2つのキーワードを使ってネタを考えてみる**ことをお勧めします。このキーワードを自分の表現できることに置き換えながら考えてみると、自分流のオリジナリティが浮かんできて、**視聴者が見たいと思っている「あなたができること」**が見えてきます。

キーワードその1　試す

　知りたいことやわからないことがあると、私たちはインターネットで検索します。これはYouTubeでも同じ。これらを解決するハウツー動画はとても需要のあるカテゴリーです。

　また現実的ではないのですが、これをしたらどうなるのだろうという未知のものへの知的好奇心も、多くの人の気持ちを高ぶらせます。こんなネタを考えたいときのキーワードが「**試す**」。試すをキーワードにネタを考えてみましょう。

例1 商品を試用する

　楽器を通信販売で買うのは勇気がいります。実際に触ってみないと、サイズ、弾きやすさ、音色などわからないことがたくさんあります。こんなときはYouTubeで品名や型番などを検索してみます。そうすると試奏（試しに弾く）動画がたくさんヒットします。

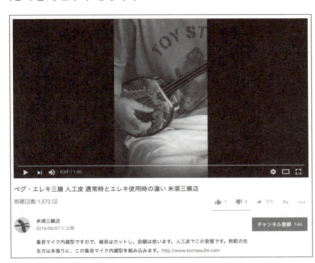

https://youtu.be/sFROkTobuSs

　試用については、楽器にかぎらずさまざまな商品で動画がヒットします。まさに目に見える口コミです。動画をアップしている人は視聴数で稼ぐYouTuberや、それを販売しているネットショップです。

　YouTubeの魅力的なところは動画の説明欄にURLリンクを張れること。YouTuberならアフィリエイトとして、ネットショップなら自社ショップページへと、動画を視聴してほしいなと思った人を直感的に誘導することができます。

例2 ないものを試す

　実際にはないものやあるといいものを試してつくってみるのも、好奇心をそそります。とはいえ、突拍子もないものや独創性が高すぎると、そもそも検索されません。そこでネット上で話題になっていることと掛けあわせます。

https://youtu.be/UJYTKraqTmc

　この動画は、「人気お菓子のジュースが発売される」とインターネット上で話題になると、発売より先にそのお菓子を砕いて牛乳とミックスさせたジュースをつくって公開しています。ネタとしてももちろん面白いのですが、**ネット上で話題になっていて、たくさんの人が検索するネタをキャッチすると、すぐ動画にしています。YouTubeが持つ即時性の面からも、面白く参考になる動画**です。

例3 あり得ないことを試す

　普段の生活は常識を持って暮らしていますが、ハメを外してみたい気持ちも心のどこかに持っていたりします。そんな気持ちに応えるのが、あり得ないことを試す動画です。「マグマにドライアイスをぶち込む！」や「いろいろな飲み物を炭酸飲料にしてみる」など、普段は絶対にやらないことを試しています。

　テレビのニュース番組などだと、成功しないと放送できるネタになりませんが、YouTubeの場合は成功失敗に関わらず動画になります。

　もちろん期待どおりの結果が出ると盛りあがりますが、失敗してもそれはそれでやってみたいことを試した結果ということです。このあり得ないことを試してみる動画こそ、YouTuberの醍醐味です。多くの人気YouTuberが、少しだけ非日常のみんなが見てみたいネタを考え動画にしています。**あり得ないこととはいえ、YouTubeも多くの人に見られるマスメディアです。公序良俗はもちろん、人が傷つく可能性があることは避け、楽しい動画を目指しましょう。**

　そのためには大胆なことより「小さな非日常」が大事。あり得ないことといっても、無理をせず、クスッと笑えるくらいの非日常を目指してみましょう。

キーワードその2　代行

　「試す」が未知だったり非日常だったりするのに対して、「**代行**」は希少すぎたり、時間がかかりすぎたり、難しかったりと、そのもの（こと）自体はやろうと思ったらできるのですが、**できない、もしくはやったことがないことを代わりにやってあげる動画**です。ショッピングサイトで口コミレビューが大切なように、ネット上に情報が溢れている時代ですから、私たちはできるかぎり必要な情報を集めてから購買したり旅行に行ったりします。そんなときに視覚で情報を得ることのできるYouTube動画は、視聴者から求められ重宝される情報となります。

例1　知らないことを代わりにする

　「動画にするネタがないのですがどうしたらいいですか？」というご質問をよくいただきます。そういったときは、「あなたのあたりまえを動画にしてください」と答えます。なぜなら、あなたのお仕事や特技などあなたがあたりまえにやっていることも、ほかの人にとっては知らないことだったり、もっと知りたいと思っている人もたくさんいるはずだからです。あなたの日常は他人の非日常。そう考えると、ネタも出しやすくなります。

https://youtu.be/Kg1D19uWll0

　上の動画は中国の人が、日本の食品や文化などを面白おかしく紹介しているYouTubeチャンネルにある「納豆を紹介している」動画です。日本人なら好き嫌いは別にして、納豆のことは知っているし食べ方も知っているでしょう。でも、外国の人からするとどうでしょう。豆にタレをかけて、箸で一心不乱にかき回してネバネバになってきたら糸を引きながら食べる、納豆は不思議な食べ物なので

す。すると、日本に興味のある人や日本に旅行に来る人などがこの動画を見るわけです。私たちにとってあたりまえの、「納豆を食べる」ということですら見られる動画になるのです。

　この動画はもうひとつヒントを与えてくれます。先ほど、納豆の食べ方を文章で書きましたが、文章だとイメージしづらいのが正直なところです。このようなときにイメージで伝えられるのが動画です。**言語化の難しいことは動画で視覚化できる**と考えてみましょう。そうすると、面倒だと思っていたマニュアル冊子の作成もマニュアル動画として簡単につくることができるかもしれません。

例2 できないことを代わりにする

　やりたくてもできないことがたくさんあります。乗車や訪問などの旅行関係、スポーツ、楽器、料理に英会話など、テクニックとコツ、組み立てや使い方などのノウハウ、と枚挙にいとまがありません。これらの多くは、**疑問解決のために検索され視聴されるニーズの高い動画**です。

https://youtu.be/rVTNXB3VF0U

　上の動画を見ると、楽器を弾けない初心者でもレッスンを受けたように楽器が弾けるようになります。私がギターをはじめて弾いた30年前は家で練習するには教則本しかなく、写真やイラストで解説されているとはいえ、わかりにくかったことを覚えています。今は恵まれています。家にいながら、YouTubeで目の前で弾いてもらいながらレッスンを受けることができるわけです。しかも動画だから、ちょっとしたコツがわかりやすいのもうれしいところです。

　英会話も同じです。書籍ではつかみにくい発音やシチュエーションが視覚的聴

覚的に学べるわけですから、理解度も格段に高まります。

　さらにここでは、動画発信者側としてYouTubeで無料でノウハウを出すことの意味について考えてほしいのです。もしあなたが音楽スクールの先生だとすると、自分ができることをどんどん動画で出していくべきだと思います。情報過多の現代では、「見せない→わからない→避ける」という構図ができあがっています。そのため、**「見せる→品定めさせる→申し込ませる」**という構図が、集客動画では成り立つのです。特に最近はこの傾向が強く、よくわからない近くのお店より、情報がたくさんある遠くのお店に行くという傾向が強いと感じています。

　また自分のスキルを見せることで、視聴者は授業料などの費用が内容に対して妥当かどうか判断することができるので、安心して申し込むことができます。

例3 時間がかかることを代わりにする

　やりたいけれど時間がない、あるいはそんなに時間を費やせないというときに、見たくなるのが、**時間がかかることを代わりにしてくれる動画**です。

　ゲーム実況動画はYouTubeの大ヒットネタで、たくさんの動画がアップされています。ゲームはやりたいけれど時間がないという人には最高の動画です。このゲーム実況動画、面白いのは、最後までクリアする動画もたくさんあるということ。ゲームのエンディングまで見せるということは、推理小説でいうと犯人を知ってしまうのと同じです。これだとゲームの売上によろしくないのではないかと考えてしまいますが、そうでもないのです。

　情報過多の時代なので、少し調べればネタバレサイトなどでエンディングはわかってしまいます。であればお金を出して面白くないゲームを買って後悔するより、先に内容を見て面白かったら買おうとなるわけです。

　バーチャルな世界で品定めをして、リア充（リアル充実）を求めて購入する。今風の購買パターンに、ゲーム実況動画はとても相性がいいのです。

疑似体験がキーワード

　ここまで挙げてきた動画から見えてくるのは、**視覚聴覚に訴えることができる動画だからこそできる「疑似体験」というキーワード**です。私たちは自己防衛から、はじめての場所、はじめての行為を警戒します。だからはじめて行くお店は緊張しますし、ましてや外から中の様子がうかがい知れないお店については、入ることすらできないわけです。このような心にかかるブレーキを、動画は簡単に外すことができます。駅からの道順、お店の中の様子、レッスンの様子など、一度経験すると気負いすることなくできる行為がたくさんあるのです。

https://youtu.be/
lwK1hIlsiqM

　上の動画は、幼稚園や保育園の保育士になりたい学生や、すでに働いている保育士さんが、ほかの園でどのようなことをしているか知っていただくための情報提供動画です。若いタレントさんが１日先生として幼稚園や保育園にうかがい、その１日を10分ほどのダイジェスト動画としてYouTubeで公開しています。

　この動画を見ていると、若いタレント先生が園児たちにもみくちゃにされながらも楽しく先生をする様子が描かれていて、一気に最後まで見てしまいます。楽しく見ながら、幼稚園、保育園の１日を疑似体験できるのです。どんなお遊戯をして、どんな勉強をして、どんな施設なのか。いろいろなことがこの動画を通してわかるので、まるで１日その幼稚園や保育園にいた感じにさせられます。

　見えない、わからないというブロックでお客様が止まっているときは、動画で情報を伝えることで、ダムから水が放水されるように堰き止められていたものが一気に外れるようなことが起きます。いろいろな販売促進活動が、見えない、わからないでストップしている残念な状態が起きているかもしれません。これらの力を最大限に発揮するツールとしても、YouTube動画は活躍するのです。

人を引きつける動画の「ストーリー」構成を考える

　「目の前に置かれた10枚の写真で紙芝居をつくりなさい」と言われたらどうしますか。おそらく多くの人が写真を眺めながらストーリーを考え、写真を順番に並べ替えていく作業をするでしょう。ストーリーの構成を考える手順もこの作業と同じです。動画のストーリーを思い浮かべながら、おおよその流れをまとめていく作業が「構成」を考えるということです。

私の場合、思い浮かんだものを書き留めて忘れないようにしておくことを大事にしているので、何となく想い描いた頭の中のイメージを「マインドマップ」を使って整理していくようにしています。まず頭に浮かんだキーワードや項目を、1枚の紙に書き留めていきます。順番も流れも関係ありません。目の前に写真が乱雑に置かれているような状態を紙の上につくります。

　そして、**ある程度ネタが出しつくされたところで、その書きなぐられた言葉や項目を紡いで、話の流れをつくっていきます**。これが簡単にできるのがマインドマップのいいところです。実際に紙に書きなぐっていくと並べ替えていくのが大変なので、「**Freemind**」というフリーソフトを使用しています。このFreemindを使えば、簡単にパソコンでマインドマップを書くことができます。

キーワードを整理する

　話の流れをつくる前に、キーワードの整理をします。構成を考える前提として、選び出したいろいろなキーワードや項目をすべて盛り込みたいところですが、1本の動画にたくさんのキーワードを盛り込みすぎると情報過多になり伝わらない動画になってしまうので、本当に伝えたいことは何なのか、キーワードを絞り込んでいき、**1本の動画に盛り込むキーワードは多くても3つまでにしましょう**。

1本の長さより本数の多さで勝負する

キーワードを減らすことができると、伝えたいことがだんだん整理されていきます。**次に考えるのが動画の長さ**（業界用語でいう「尺」）です。

特にYouTubeの場合、視聴者の多くが短い動画をたくさん見ることを前提にしているので、それにあわせた時間の設定が必要になります。動画によくある「長さ」の特長をまとめておきます。

● 動画の長さと目的

長　さ	目　的
15秒	テレビコマーシャルと同じ時間です。イメージで瞬間的に伝えるときに有効です
1分30秒（90秒）	私がダイジェスト映像をつくる際に1番最適だと考えている時間です。3つのキーワードですと約30秒ずつ入れると90秒になることから、構成も簡単です
3分（180秒）	この動画を見るぞ！　という意気込みを持たずに、視聴した人が途中で動画をストップしないで見ることができる長さです。ダイジェストの場合は3分以内が理想です
5分（300秒）	しっかりと説明などのコンテンツを入れつつ、ダイジェストの要素を持たせられる長さです。ストーリーの展開を考え、ところどころにサプライズを組み込む構成を考えておかないと、途中で動画をストップされてしまう可能性があります
10分（600秒）	しっかりと説明するためのコンテンツを入れていける長さです。この長さになってくると、ストーリーにあわせて最後まで飽きさせない構成力が大切になります。YouTubeでは再生時間も大切な要素なのでこの長さ以上を目指したい

YouTubeで10分を超える動画が求められていることからも「動画を見てもらう」ためのしかけをつくっておく必要があります。つまり、その動画を見る前に「これから長い動画を見よう」という気持ちにさせておくのです。では、たくさんのコンテンツを伝えたい場合はどうすればいいのでしょうか。それには、次の2つの方法があります。

❶ 短い動画に分割する（10分程度）
❷ 長い動画は「概要」欄にタイムコードを入れる

お勧めは、❶の短い動画に分割する方法です。視聴者は、動画の流れや自分が求めている情報がいつ手に入るのかわからないと、ストレスを感じて見るのをや

めてしまいます。これを避けるために**動画をコンテンツごとに分けて、タイトルでその内容がわかるようにする**必要があります。また多くの視聴者は具体的な単語で検索してくるので、短く分割してそれぞれの動画の内容を具体的に表したタイトルにするようにします。タイトルのつけ方については、 絶対法則42 で詳しくお話しします。

❷の長い動画には、**「概要」欄にタイムコードを入れて対応**します。視聴者は、自分のほしい情報がどこにあるのか知りたいわけですから、動画のどのあたりにその情報があるのかわかれば、自分でその時間のところを見にいくようになります。「概要」欄にタイムコードを入れるやり方は、 絶対法則43 で詳しくお話しします。

いずれの場合も視聴者が見ようとしたときに、どこに何があるのかハッキリとわかるようにしてあげることが大切です。そのことを意識して構成を考えるようにします。

● YouTubeの概要にタイムコードを入れた例

話の展開はお決まりのパターンを押さえる

　構成をまとめていくときに大切なのが、話の展開のパターンを押さえることです。話の展開のパターンというと「**起承転結**」が有名ですが、おおまかにいうと必ず次の流れを押さえておく必要があります。

> ❶ オープニングでのつかみや問題提起
> ❷ 中間部のメインコンテンツ
> ❸ エンディングでの結論

　人は詳しい情報ではなく、パターンで物語を認識するといわれています。
　たとえば「水戸黄門」のドラマは、「旅先を訪れる ⇒ トラブルに巻き込まれる ⇒ 悪人を退治する ⇒ また旅がはじまる」というお決まりのパターンで話が展開していきます。このパターンがあるからこそ、視聴者はストーリーを受けとめやすく、わかりやすい動画になるわけです。
　これはハリウッド映画やウルトラマンでも、ドラえもんでも同じです。**多くの人に伝わりやすくするためには、物語の定番のパターンを意識して構成していくことが大事**になります。
　あとで詳しくお話ししますが、特にYouTubeでは、オープニングとエンディングがとても大切だということも忘れないようにしておきましょう。

● 水戸黄門の黄金の展開パターン

©TBS

❶ 捕物帳が大詰めになると、黄門さまの「助さん、格さん、もういいでしょう」の言葉で、三つ葉葵の印籠がアップで写る

❷ 助さんか格さんが「控えおろう！　この紋所が目に入らぬか」と言う

❸ 助さんか格さんが「このお方をどなたと心得る、恐れ多くも前の副将軍水戸光圀公にあらせられるぞ」と言うと、悪人たちはひれ伏す

字コンテ、絵コンテ、写真コンテ、自分ができる台本づくりをする

ここまでの作業をまとめておきます。

❶ キーワードの絞り込み
❷ 動画の長さを短くするか長くするか決める
❸ 話の展開をお決まりのパターンにはめ込む

いよいよ、実際に撮影や編集の際に使用する台本のカタチにしていく作業に入ります。台本もさまざまな様式がありますが、次の3つの中から自分でつくれそうなものを選んでみましょう。手書きでもかまいませんが、WordやExcel、PowerPointなど、使い慣れたソフトを使ってもつくれます。

これらソフトを使う際は**プリントアウトすることを考えてサイズはA4をベース**につくっておきましょう。

● つくりやすい台本のパターン

字コンテ	文字で時系列に状況が説明された台本で、ドラマの台本に多い形式です。そのため、台本というとこのイメージを持っている人が多いのではないでしょうか。台詞がある動画やナレーションだけの動画に効果的です。欠点は、文字だけになるので、シーンのイメージを把握しにくいことです。映像の切り替えや音の挿入方法をいかにわかりやすく説明できるか、工夫が必要です
絵コンテ	マンガのコマ割りのように、象徴的なシーンを絵で表現しながら、時系列で情報を記していく台本です。映像制作の現場でよく使われます。難易度が高そうですが、プロではないので構成が整理できてさえいれば大丈夫です。簡単に絵コンテを描く方法については、「絵コンテの絵を描くコツ」でお話しします。絵コンテはイメージをシミュレーションするうえでは、ぜひマスターしてほしい台本です
写真コンテ	絵コンテが難しいと感じている人にお勧めです。表現したいイメージに近い写真を用意して、絵の代わりに使用します。特にパソコンで台本づくりをする場合は、写真データを貼りつけたりすることが簡単にできるので、時間の短縮にもなります。スライドショーの動画を作成する場合は、この写真コンテで台本をつくれば完璧な台本ができあがります

次に台本に盛り込む情報（必要な項目）を書き出してみましょう。
台本は動画の事前シミュレーションのようなものなので、動画を構成している部品を分解すれば、それが必要な項目になります。

● 台本に必要な項目

❶ カット割り、カメラの構図　❷ 各カットごとの時間
❸ 台詞やナレーション　❹ 音楽の挿入と時間　❺ 資料やテロップ

　台本に載せる情報は書き出すとキリがありませんが、上記くらいの情報があれば収録現場でも困らず、事前のシミュレーションにもなります。台本はこれが正解というものはありません。**整理がついて、自分が望む動画がスムーズにつくれることが目的**です。まずは自分ができそうな台本の形式を決めて、悩むより書いてみましょう。書き出すとペンが進むはずです。

「絵コンテ」の絵を描くコツ

　絵コンテは、制作イメージを的確に表現できることから、よく使われるので、本格的に動画をつくってみたいときにはチャレンジしてみたくなります。ただ「絵を描いて説明する」となると、難易度が急に高くなってしまいます。
　大切なことは、上手な絵ではなく、自分がつくりたい動画を伝えられるかです。漫画家や画家ではないので、絵の上手さは気にすることはありません。私も絵が上手とはいえないので、絵コンテはためらっていましたが、あるイラストレーターさんから、顔を簡易に表現する方法を教えてもらいました。**頭を表す○の図形に、顔の雰囲気を「十」字で表現しただけ**です。とても簡単ですが、これが思いのほかイメージを伝えることができるのです。

● 絵コンテは絵心がなくても大丈夫

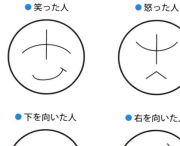

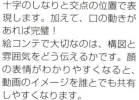

十字のしなりと交点の位置で表現します。加えて、口の動きがあれば完璧！
絵コンテで大切なのは、構図と雰囲気をどう伝えるかです。顔の表情がわかりやすくなると、動画のイメージを誰とでも共有しやすくなります。

● 絵コンテの台本サンプル

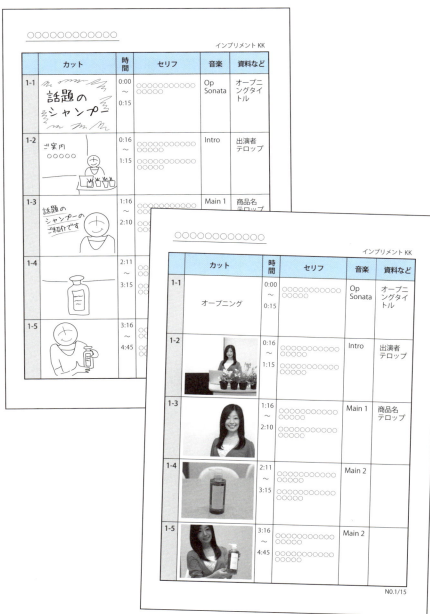

● 写真コンテの台本サンプル

初心者 中級 上級

絶対法則
12
イメージのつくり方 ❶
画面サイズについて

カメラで見た景色は、視聴者の目の代わりになります。同じものを撮っても、目線の位置だったり、周囲の雰囲気だったり、ちょっとした見せ方で、視聴者に与えるイメージが大きく変わってきます。ここではあなたが「構図」をつくるうえで知っておいてほしい、画面サイズの考え方についてお話しします。

ビジネス	YouTuber
正しい画面サイズで構図を意識した映像は、メッセージに強い力を与えることができるので、企業ブランディングの観点からも有用性が高い知識です。人物だけでなく、商品などさまざまなものに応用が利きます。	構図を意識して、視聴者をグイグイと引き込む動画にしたいのに、画面サイズの設定がきちんとできていないと、小さい枠の動画になったりカッコ悪い動画になってしまいます。正しい設定で構図をつくれるようにしましょう。

顔のドアップは見ているほうがツライ

　スマホやWebカメラでの自撮りで、1番イタいと感じるのが顔のドアップが続く動画です。もちろん何か意図があってその構図ならいいのですが、そうではなさそうです。
　女の子をかわいく撮るのであれば、Instagramで人気の女の子たちがしているように、俯瞰で上から撮るのは基本中の基本です。
　下から「あおり」（ 絶対法則13 参照）で顔のドアップを撮ってしまうと、遠近法でカメラに近いアゴのお肉が必要以上に映って下ぶくれになり、鼻の穴も目立ってしまうので100年の恋も冷めてしまいます。さらに、かわいく撮る以外にも、人間には「**パーソナルスペース**」という自分の縄張りを守る本能があるので、必要以上に近づいてくるものには緊張感を持ってしまいます。**心地よい動画は、構図の決め方で決まる**ことを忘れないようにしましょう。

画面サイズの選び方（基本はFHD）

　YouTubeだけでなく、多くの動画サイトやテレビがHD（High Definition）に対応し、以前のSD（Standard Definition）での4：3の正方形に近い画面サイズから、**16：9といわれる長方形の画面サイズ**になりました。ただ、すべてがHD化したわけではなく、SDの画質で映す機械もまだ多く残っているので、このHDとSDの設定ができるようになっているカメラがほとんどです。
　この画面のサイズのことを「**アスペクト比**」といいます。このアスペクト比、

基本は収録時にカメラで設定したものになります。プロは編集作業でアスペクト比を変更したり、SDをHDにする処理方法などの技術を持っていますが、一般的には行わない作業です。**YouTubeにアップする場合は、画質のいい「FHD（1,920ピクセル×1,080ピクセル）」で制作するのが基本なので、撮影時はカメラの設定がFHDになっていることを確認する**必要があります。

● 画面サイズ（SDとFHD）の違い

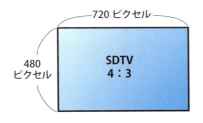
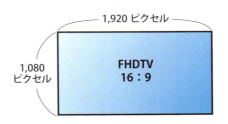

テロップ・終了画面・資料スペースを意識して構図する

空白部分を埋めるものは景色だけではありません。テロップや資料、さらにはYouTubeの終了画面機能（ 絶対法則48 参照）など、**編集作業やYouTubeで追加していく情報を意識して、空白をつくることも大切**です。

構図で大事なことは、何が1番大切かを意識して考えること。特に資料は登場人物以上に大切なときもあり、**登場人物より資料を目立たせたいときは人物を右に配置し、資料を左に配置するほうが視聴者にわかりやすい構図**となります。

❶ 資料を左側に配置した、ニュースのような構図
❷ テロップを意識した構図

● 資料を左側に配置したり、テロップを意識したニュースのような構図

初心者　中級　上級

絶対法則 13

イメージのつくり方 ❷
カメラの動きでイメージを操作する

動画のイメージをつくり出すのは、構図だけではありません。カメラの位置や動きでも、さまざまなイメージが表現できます。特に固定したカメラで収録するときは、カメラの位置によるイメージの違いを知っていると、それだけでイメージが操作できて大変便利です。ここでは、編集ではなくカメラ操作（カメラワーク）によるイメージづくりを考えてみます。

ビジネス	YouTuber
自社が入っているビルを撮るときに、カメラを縦に動かして収録すると、ビルの大きさが強調された迫力のある映像になります。商品を撮るときも伝えたいポイントにフォーカスした構図をつくることで、より視聴者に伝わるようになります。	映像の動きで、視聴者を引きつけるために知っておきたいのがカメラワークです。カメラの動かし方で躍動感をつけたり落ち着かせたりと、ストーリーを際立たせることができます。

■カメラの高さ位置でイメージを操作する

まず、カメラの高さ位置によるイメージの違いについてです。

高さ位置の知識は、カメラを固定した撮影でも必要なので、１人で撮影を行うときにも役立ちます。高さでそんなにイメージが変わるの？　と思うかもしれませんが、**カメラの高さ位置は、撮影の基本**といってもいいくらい変わります。

覚える方法は３通りで、出演者の目線を基準に、目線より上から撮る「❶ 俯瞰」、目線と同じ位置から撮る「❷ 目高」、目線より下から撮る「❸ あおり」の３つになります。

1 俯瞰

カメラを出演者の目線より上に設置して撮影します。「相手を見下す」という言葉のように、俯瞰で撮影すると視聴者には出演者が弱く見えます。弱いというと言葉がよくないですが、相手に対する迫力がなくなる分、**やさしいイメージや近寄りやすいイメージを醸し出す**ことができます。

また、出演者がカメラを見ると上目遣いになり眼が大きくなるので、**女性のやさしさやかわいらしさを表現することができます**。反対にいえば、コンサルタントや先生業などで、相手より上の立場であることを表現したい場合には好ましくありません。

2 目高
め だか

　カメラを出演者の目線と同じ位置に設置して撮影します。**目線がぴったりあう位置なので、相手と自然に向きあっている感じになり、安心感を与えます**。俯瞰やあおりのように心理的な操作がないぶん淡白なイメージになるので、**事務的なメッセージを伝えたいときは、目高での撮影が向いています**。ただあまりに自然なため、長時間目高の動画が続くと退屈な雰囲気が出てしまうので、意識的に映像を切り替えるなどカメラワークに注意が必要です。

3 あおり

　カメラを出演者の目線より下に設置して撮影します。下から見上げる動画になるので、子どもが大人を見るときや大男を見上げるようなイメージになり、**視聴者に出演者を大きな人物や尊厳がある人物に見せることができます**。そのため権威的なイメージや威圧的なイメージを喚起させやすくなり、先生業やコンサルタントに向いた撮り方になります。反対にいえば、視聴者を見下すイメージになるので、かわいらしさを出したい女の子にはふさわしくありません。また下から撮ることで、頬肉から頭頂部にかけて遠近感が出るので、顔が大きく見えてしまいます。また、日本の文化においては、頭を下げて下から話しかけることが多いので、使い方に気をつけなくてはいけない撮り方です。

● カメラの高さ位置（俯瞰・目高・あおり）

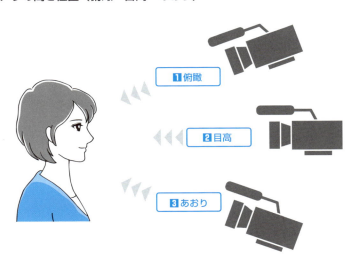

カメラワークでイメージを操作する

　カメラをどう動かして撮影するか、カメラの動きで動画を表現するのでカメラワークといいます。

　カメラにはズームボタンがついているものが多く、簡単に被写体に近づいたり離れたりすることができるので、必要以上にズーム機能を使ってしまいがちですが、**予想しない動画の動きは視聴者にストレスを与えるので、必要以上にカメラワークを使う必要はありません。**それぞれの動きの特長を理解して、必要に応じて使用するようにしましょう。

1 フィクス

　1人で撮影するときは、カメラを三脚などに固定して撮影しますが、このように**カメラを固定して撮影すること**をフィクスといいます。フィクスで撮影するときは、前述のカメラの高さ位置がイメージをつくる大きな要因になるので、意識してカメラをセッティングしましょう。

2 パン

　パンというとピンときませんが、パノラマ写真なら馴染みがあると思います。パンはPanoramic Viewingからきた言葉で、**パノラマ写真のようにカメラを水平に移動しながら撮影すること**をいいます。収録している場所のイメージを伝えたいときや、レインボーブリッジのように固定のカメラでは入りきらないもの、山頂からの風景や水平線など、広大なイメージを伝えるときに効果的です。左から右へ流すと、ちょうどグラフを見るように過去（古い数値）から未来（新しい数値）への流れとなるので違和感なく映像に勢いをつけられます。反対に右から左は、過去に向かって見ていくような感覚になるので、映像に少しばかりの違和感と落ち着きを与えることができます。

● カメラワーク（パン）

左から右へパンするイメージ

3 ティルト

カメラを下から上に動かすことをティルトアップ、上から下に動かすことをティルトダウンといいます。

ティルトアップには未来に向かっての勢いを表現する力があり、ティルトダウンではうつむくような落ち着きを与える力があります。

4 ズーム

ズーム機能は、どのカメラでも簡単に操作できるようになっているので多用してしまいがちですが、視聴者にある部分を強調して伝えたかったり集中させようとするときは、**私たちの眼が１点に集中するように、伝えたい部分にズームイン**します。反対に**近寄った状態から遠ざかる動きをズームアウト**といいます。こちらも私たちの眼の感覚と同じで、集中感を解く場合や被写体全体を見せたいときに使うと効果的です。

● カメラワーク（ティルト）

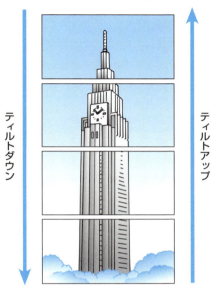

● カメラワーク（ズーム）
● ズームイン

● ズームアウト

初心者 中級 上級

絶対法則 14 イメージのつくり方 ❸
映像の切り替えでイメージを操作する

ここでは、編集時の作業を意識した映像の切り替えをお話しします。私たちが普段、眼をキョロキョロしながら被写体を追っているように、動画も眼の動きを意識して映像を切り替えることで、視聴者にスムーズにイメージを誘導することができます。

ビジネス	YouTuber
商品の特長を伝えるときに、映像の切り替えは大変有効で、あたかも視聴者がその商品を手にとって品定めをするようにイメージを切り替えてあげると、商品の存在感が増します。	オモシロ動画には、必ずオチに向かって「振り」の部分があります。この振りの表現を映像の切り替えで行うことで、自分の思ったように視聴者に振りの感覚を与えることができます。

映像を切り替えるときは、カメラの向きを変えて撮影する

　街でウインドショッピングをしているとき、授業やセミナーを受講しているとき、友人と会話をしているとき、私たちの眼はどのような動きをしているでしょうか。もちろん話題の中心を見ようと意識していますが、時折、眼をそらしたり、違うものを見たりしているはずです。だからといって集中していないわけではないので、この眼の動きが人間の正しい動きだといえます。実際、会話中ずっと眼をあわせられたら、変な感じになって緊張してしまいます。まったく**映像を切り替えない動画は視聴者に同じ思いをさせている**可能性があります。

　では、この眼の動きを意識して誘導するとどうでしょうか。こちらの伝えたいように眼の動きを映像で代行すると、伝わりやすい動画ができあがります。映像制作の現場では「180度ルール」というものが使われます。これは**カットを変えるとき、前のカットから30度以上180度未満でカメラの向きを変えて撮影する**ことで映像に変化をつける方法です。

　もともとは向かいあう2人のシチュエーションを、映像を切り替えることで表現する手法だったのですが、出演者が1人の場合でも映像に変化をつけることに使えます。視聴者の集中を切らさないための「**コンティニュティ・エディティング（Continuity Editing）**」という代表的な技法です。YouTubeでも同じです。見ている人の集中を切らさないために、このコンティニュティ・エディティングを実践しましょう。

● 180度ルール（コンテニュティ・エディティング）

映像の角度を30度以上180度以内で切り替えることで、シーンの連続性は保ちつつ映像に変化をつけることができます。

「使えそうなカット」をたくさん撮っておく

　コンテニュティ・エディティングを取り入れるために大切なことがあります。それは**撮影時にいろいろな角度からたくさん撮っておくこと**です。たくさん撮った映像は、編集のときに切ったりつなげたりしますが、たくさん撮っておかないと切り替えるための映像素材がないということになってしまいます。

　そのために大切なのが、 絶対法則14 でお話しした台本です。実際にやってみると、台本をつくるときにしっかりイメージや構図を固めておけば効率よく撮影していけますし、編集もスムーズです。**映像制作の作業を効率的にするには台本が不可欠**だということが理解できます。

　とはいえ、あとから考えてイメージが変わってくることもあります。その対策として、**使うかどうかわからないけど気になるイメージがあるときは、遠慮せずにどんどん撮っておきます**。コンテニュティ・エディティングで切り替えることで、シーンの連続性を保ちつつ映像に変化をつけることができます。

　もちろん、たくさん撮ってもその映像を使うかどうかはわかりませんが、今はテープではなくデータ保存なので、撮れるだけ撮ってあとから消去すればもったいなくもありません。気になるものがあればとにかく撮っておきましょう。

● 使いやすいカットはこんな感じ

建物の外観

出演者が持っている小物、身につけている小物（本とか時計など）

出演者の眼や指先など、象徴的な部分に寄っておく

7秒ルール、3秒ルールで切り替えると構成が簡単になる

　動画の中で映像を切り替えるのは、視聴者のイメージを誘導するのに効果的です。イメージをどんどん相手に押しつけたいときは、1秒おきにテンポよく切り替えてパラパラ漫画のようにしても効果的です。また、CMのように15秒という短い時間でたくさんの情報を伝えるためには、2、3秒に1回程度映像を切り替えるのが効果的です。

　切り替えの基準となる秒数を設定するとしたら、「7秒」が基本です。**7秒は、人間がテロップなどの情報も含めて、映像全体を把握する最も短い時間**といわれています。もし映像の切り替え時間に悩むなら、7秒を基準に考えます。

　とはいえ、YouTubeのように、特にエンターテインメント性の高い動画では、動画にテンポを与えることが大切です。このようなときは、**3秒を基準にすると、視聴者にストレスを与えずに、画面切り替えによるテンポのよさを動画に盛り込む**ことができます。

　テロップも3秒で読めるよう単語で表現したり、複数の切り替え画面にまたがるように表示して読みやすいようにするなど工夫してみるようにしましょう。

初心者　中級　**上級**

絶対法則 15

イメージのつくり方 ❹
照明でイメージを操作する

撮影時の光の調整は、映像のイメージを大きく左右させますが、どう調整していいかわからず、何も対応しないまま撮ってしまっていることが多いようです。光の調整を人工的に行う「照明」は、技術が難しいと感じているかもしれません。ここではいくつか照明の基本となる技術をお話しし、あなたの伝えたいイメージにあった映像が撮れるようになることを目指します。

ビジネス	YouTuber
商品ディスプレイが照明によって高級感や特別感を醸し出すように、動画も商品に効果的な照明をあてることで、商品ディスプレイを覗き込んでいるような素敵なイメージを演出することができます。	アクション動画や1番見せたかったり伝えたい部分、ギターの弾き方を教える動画であれば、指先に照明をあてることで、視聴者をその部分に注目させることができ、さらにはっきりと見せることができます。

ホワイトバランス 光の色を操作する

　光に色があることをご存知ですか？　屋外なら太陽が照りつける昼間と夕暮れどきでは光の色が違います。室内でも蛍光灯と白熱灯とでは光の色が違います。
　私たちの眼はこの光の色の違いに対応して調整されています。
　収録に使うカメラでは、色の違いをどのように調整しているのでしょうか。カメラは「**ホワイトバランス**」という機能で色の調整をします。カメラによってはオートでホワイトバランスを調整してくれますが、正しく調整できているかはモニターを通して確認するクセをつけないといけません。実際に見ている壁は白色なのに、モニターで見ると黄色がかった壁に見えるなら、それはホワイトバランスが崩れている証拠です。
　ホワイトバランスの確認は撮影前のカメラの準備体操と考えて、必ず調整しましょう。調整方法は簡単です。**実際に収録する場所に白い紙を置いて、カメラのレンズでその白色を撮影**します。プロの機材には、ホワイトバランスを調整するための専用の板もありますが、白い紙でも十分対応できます。調整のしかたはカメラによって異なるので、カメラの取扱説明書を見てください。
　スマートフォンでもホワイトバランスの調整ができます。iPhoneは焦点を基準にホワイトバランスを自動調整するので、カメラアプリを起動してディスプレイに映像が写ったら、白いものを写して、その白いもののところを指でタッチしてそこに焦点をあわせます。そのまま長押しすると、その位置にフォーカスが固

定（AE／AFロック）されるので、これでホワイトバランスが調整された映像が撮影できるようになります。

　ただしiPhoneは焦点にあわせて自動で調整しようとするので、撮影中に焦点を変えてしまうとホワイトバランスなどの調整もずれてしまうので注意してください。これを防いでホワイトバランスを固定したいときは、標準のカメラアプリではなく、有料のカメラアプリで、ホワイトバランスの固定機能があるものをインストールしましょう。

● ホワイトバランスの撮り方

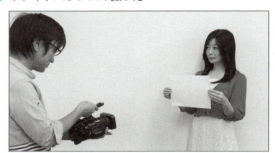

ホワイトバランスは撮るもの（人）の位置に白いものをおいて調整しましょう。白い紙を置いたり持ってもらったりすると調整しやすくなります。

照明の位置でイメージを操作する

　光は立体イメージの基本です。照明の位置によって、平坦に見せたり奥行きがあるように見せたりすることができます。**照明は２次元の映像上で３次元を表現するための最高のツール**です。

　照明にはいろいろなテクニックがあり、複雑にセッティングする必要がある機材もありますが、ここでは簡易な照明器具で、横と縦のラインからの基本的な光の使い方をお話しします。

横からの照明の考え方

　カメラと被写体を対面させた状態で、どの位置から照明をあてるかでイメージを操作します。このテクニックは人物でも物でも考え方は同じです。

● 横からの照明のあて方は５種類

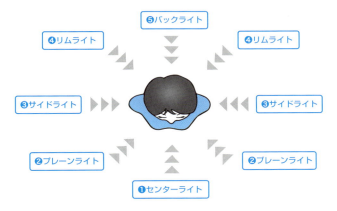

❶センターライト	カメラ側から被写体の正面に光をあてます。**正面から全体にまんべんなく光があたるので、のっぺらで平坦な感じの映像**になります
❷プレーンライト	被写体正面左右いずれか45度から光をあてます。**正面斜めから光があたるので、光をあてた反対側に影ができ、立体感を表現**できます
❸サイドライト	被写体の左右いずれか90度から光をあてます。**真横から光があたるので、形状がはっきりする映像**になります
❹リムライト	被写体の背後左右いずれか45度から光をあてます。**斜め後ろから光があたるので、半逆光の立体感のある映像**になり厳かで神聖な映像になります
❺バックライト	被写体の背後から光をあてます。真後ろからの光なので**被写体が光に包まれたような映像**になり、厳かで神聖なイメージになるとともに**被写体の形状もはっきりさせる映像**になります

縦からの照明の考え方

カメラと被写体を対面させた状態で、どの高さから照明をあてるかでイメージを操作します。このテクニックは人物でも物でも考え方は同じです。

● 縦からの照明のあて方は4種類

❶アイレベル	全体にまんべんなく光があたるので、**光のあたった個所はのっぺらで平坦な感じの映像**になります	
❷プレーンライト	被写体の斜め上から光をあてます。**人物であれば、顔に近いところから光をあてられるので、立体感を出しつつ顔にフォーカスした映像**になります	
❸アンダーライト	被写体の斜め下から光をあてます。**下からあおるように光をあてる自然には起こらない光のイメージで、フォーカスさせたい部分を強調させる**ことができます	
❹トップライト	被写体の真上から光をあてます。**真上からなので、被写体全体を上からまんべんなく照らすことで、立体感がなくても被写体にフォーカスした映像**になります	

初心者 中級 上級

絶対法則 16
機材の選び方 ❶
映像機器編

ゲーム実況動画などの画面をキャプチャするものを除いて、撮影はカメラで行います。カメラといってもたくさんの種類があります。それぞれのカメラの特長を捉えて撮影することができれば、効果的な映像を収録することができ、表現の幅が広がります。

ビジネス	YouTuber
カメラの種類、特にレンズの性質を知ると、色や形を際立たせたり、見せたい部分にフォーカスできるなど、商品を撮影する技術が大幅にアップします。	ウエアブルカメラを上手く使って視聴者体験型の動画をつくるなど、撮影機材を工夫することで、人を惹きつける映像にすることができるようになります。

カメラの種類を知る

お店ではいろいろな種類のカメラが販売されています。値段も数千円から百万円を超えるものまでさまざまで、どれを買っていいのかも悩んでしまいます。

もちろん値段の差には理由があり、値段の高いカメラには高性能な機能や材質にこだわりがあったりします。値段の安いカメラもただ安いわけではなく、性能を絞って価格を抑えるなどの工夫がされているものもあります。

ではどのようにカメラを選べばいいのでしょう。YouTubeにアップロードする動画の制作を目的にしているのであれば、値段が高いカメラがいいかというとそうではありません。**判断の基準は「どのような映像を撮りたいか」**ということになります。

カメラにはそれぞれ特長があり、その特長を活かすことで想像を超える素敵な映像を撮ることができます。

また撮影機材には、撮影方法の得意不得意や付属品との相性など、メーカーのカタログやWebサイトだけではわからないけど知っておきたい情報がたくさんあります。そういうときに頼りになるのが、機材を販売しているお店です。実際に機材を触っていますし、多くのメーカーやお客様と接しているので、機材の生きた情報を持っています。撮影機材は高い買物です。間違いない機材選びをするためには、お店のスタッフと仲よくなることも大切です。もちろんYouTubeも頼りになります。YouTubeで型番を入力するなどして検索してみると、わかりやすいユーザーレビュー動画にたどり着くかもしれません。

● ビデオカメラ

メーカー	SONY
品名	HDR-CX470
実勢価格	28,700 円（税抜）

家庭用の動画撮影に使用されることをメインユースとしたカメラで、ビデオカメラというと多くの人がこの手のカメラを思いつくでしょう。撮影に関する知識があまりなくても、オート機能を使えば誰でも簡単に映像が収録できます。
また家庭用として喜ばれるように、ズームボタンなどの操作ボタンがシンプルでバッテリーも長持ちと、初心者にはうれしい機能がたくさんついています。
ただし誰でも簡単に使えることを意識しているので、特定個所へのフォーカスをあわせる機能が弱く、画面全体にフォーカスをあわせるようになっているため、背景にボケ味を加えて被写体を目立たせるといった演出は難しくなります。

● 一眼レフカメラ

メーカー	Panasonic
品名	LUMIX GH5 デジタル一眼カメラ／レンズキット DC-GH5M-K
実勢価格	286,000 円（税込）

最近一気ににシェアを伸ばしているのが、動画撮影機能つき一眼レフカメラです。
各社、オートフォーカス機能の充実など、一眼レフカメラの弱点といわれてきた部分を克服しています。豊富な交換レンズやボケ味のある映像収録が簡単にできる強みから、プロの収録現場では多用されるようになりました。また家庭用への浸透もねらい、ミラーレス一眼など安価な一眼レフでも動画機能を充実させています。
ただし一眼レフカメラも完璧ではありません。一眼レフカメラは動画収録時間を30分未満としている機種がほとんどなので、長時間の収録には向いていません。またボケ味を効かせるためには、フォーカスを被写体にしっかりとあわさなくてはならないため、ビデオカメラより撮影技術が必要になります。

● Web カメラ

撮影するときに簡単にパソコンと接続することができるのがWebカメラです。映像をパソコンの編集ソフトに直接取り込みながら撮影することもできます。

Webカメラのメリットは安価なことで、3,000円程度から高解像度のWebカメラを入手することができます。また小型で軽量、さらにはクリップがついているものも多いので、どこにでも設置して収録することができます。

ただし残念なのは、ビデオカメラと同じくしくみが簡単なため、フォーカスが画面全体にまんべんなくあうようになっていて、ボケ味を使った撮影ができません。また、焦点やホワイトバランスの調整ができる機種もありますが、いずれもパソコンソフトで調整しなくてはならないので、シチュエーションにあわせてとっさのマニュアル処理が難しいのが難点です。さらに、固定して使用することが前提なので、パンやティルトといったカメラワークが苦手なのも難点です。

メーカー	Logicool
品名	HD Webcam C920r
実勢価格	10,250円（税抜）

● ウエラブルカメラ（GoPro など）

GoProの普及もあり、ウエラブルカメラも定番化しました。ウエラブルカメラの魅力は携帯性です。スポーツなど体を動かすものでも、充実した付属品を併用することでさまざまな映像を収録できるので、アクティビティ系の映像を撮りたい人には必須のカメラです。

気をつけないといけないのは、ウエラブルカメラのレンズです。体や物の動きを据えつけたカメラで撮ることを目的としているので、フォーカスを広めにする広角レンズが使われています。そのため幅が広い映像になってしまいます。

メーカー	GoPro
品名	HERO10 Black
実勢価格	48,800円（税込）

● スマートフォンカメラ

メーカー	アップル
品名	iPhone 13
実勢価格	98,800 円（税抜）

身近でありながら、アプリを使って高機能な撮影も可能なのが、スマートフォンのカメラです。アプリを使用することで、一眼レフカメラのようなボケ味を効かした撮影も可能になります。性能も格段に進歩し、スマートフォンカメラだけで映画を撮ったり、YouTuberも撮影をスマートフォンで行うなど、電話についているカメラとしてではなく、単体のカメラとして十分機能しています。

性能がよくなるとスマートフォンの携帯性と簡易性は大きな強みとなり、日常のふとしたシャッターチャンスを映像に収められるなど、ほかのカメラにはない使い方が魅力になります。

● ドローンカメラ

メーカー	DJI
品名	DJI Mini 2
実勢価格	59,400 円（税抜）

説明が不要なほど普及したドローン。このドローンに、設置・内蔵したカメラからの映像も、テレビだけでなくYouTubeでも身近になりました。簡易に空撮ができる魅力は測りしれず、今までスケールを表現できなかった場所やイベントなどで、効果的に使われています。ルールを守らず使用すると他人に迷惑をかけたり法律に抵触することもあるので、細心の注意が必要です。

価格は1万円未満から数十万円するものまでさまざまですが、高価なドローンには、飛行することによるカメラの震えを制御するスタビライザー（振れ防止）機能がついていて滑るように空撮ができるなど、機能や性能が価格に比例しているので、撮りたい動画のクオリティや予算と相談しながら機種を選ぶといいでしょう。

● スタビライザー

動きながら撮影すると、どうしてもカメラが揺れて手ぶれの動画になってしまいます。
以前は振り子をつけてやじろべえの理論でカメラを安定させるアナログなスタビライザー機器が主流でしたが、最近はドローンの技術を応用した、電子制御でのスタビライザーカメラが普及してきました。
また、スタビライザーカメラからスタビライザーの部分だけを独立させて、カメラ部分には自分のスマートフォンを取りつけて撮影できるようにした機種も発売されるなど、今後さらなる普及が予想されます。

メーカー	DJI
品名	OM 5
実勢価格	17,930 円（税込）

● 360 度カメラ

少し前まで、360度の映像というと、複数のカメラで多方向から同時に撮影して、あとからコンピューターで結合処理をするという作業で制作していましたが、これをカメラ1台で簡単に撮影できるカメラが360度カメラです。価格が安価になったことや、YouTubeやFacebookなどのSNSでも360度表示対応が可能になったことを受けて、急速に普及しています。YouTubeでもジェットコースターからの360度動画、コンサート会場での360度動画、不動産会社では、取扱物件の内覧を360度動画で行えるようにするなど、さまざまなシチュエーションで活用されています。

メーカー	Insta360
品名	ONE X2
実勢価格	54,780 円（税込）

2 伝わる動画のつくり方

初心者 / 中級 / 上級

絶対法則 17　機材の選び方 ❷　音響機器編

動画の制作というと、どうしても映像のことを気にしてしまい、音のことを忘れてしまいがちですが、「音」はとても大切な要素です。せっかくカッコいい映像を撮っても、音が悪いと視聴者に不快感を与えてしまい、最後まで見てもらえなくなります。ここでは音響の機材を知って、いい音を乗せた映像がつくれるようになることを目指します。

ビジネス	YouTuber
人物のメッセージをしっかり伝えるためには、適切なマイク選びが大切です。周囲の雑音を拾わないだけでも、視聴者がストレスを感じない「メッセージを伝えられる動画」をつくることができます。	どんなアクティビティをやっても、小道具の音を拾っていなかったり、反対に拾いすぎていたりすると、視聴者はストレスを感じてしまいます。伝えたいところに適切にマイクを向けることで、クオリティの高い動画をつくることができます。

マイクの種類を知る

　マイクに種類があることをご存知ですか。大きく分けると「**ダイナミックマイク**」と「**コンデンサーマイク**」という2種類に分けられます。さらに指向性といってマイクが音を拾う範囲も種類によってかなり違いますし、手で持つのか衣服にタイピンのように留めるのか、ヘッドセットとして頭にセットするのかなど、付け方や持ち方でも違ってきます。

　ということはマイクの種類を知っていれば、商品説明、対談、ゲーム実況、屋外でのアクティビティなど、シチュエーションに応じて最適かつ便利に音が撮れるようになります。特にスマートフォンや1台のカメラを固定した撮影においては、カメラから自分が遠ざかると音も遠ざかってしまうという欠点を、マイクが克服してくれます。

　もちろんカメラに備わっているマイクでも録音はできますが、**YouTubeで一歩抜き出るために、「音を大切にする」ということを常に頭において撮影してみましょう。**

1 ダイナミックマイク

　電源が不要で、取り扱いが容易なマイクです。**コンデンサーマイクに比べて感度が低いですが、価格も安く、十分満足のいく範囲**なので、まずはダイナミックマイクを検討してみましょう。

2 コンデンサーマイク

　電気で音声信号を変換する、コンデンサーという機器がついているマイクです。電気を使うマイクなので、マイクケーブルを通じて電気を送ってあげないといけません。そのため接続できる機器が限定されるのと、取り扱いに気をつけなければいけない弱さがあります。ただ**コンデンサーマイクは音がいい**のが特長です。ラジオ局のDJマイクだったり、歌手のレコーディングマイクにはコンデンサーマイクが使われます。

　音、**特に音楽として自分の楽曲をYouTubeで拡散していこうと思っている人は、コンデンサーマイクでしっかり録音する**といいでしょう。

マイクによって音を拾う幅が違う（マイクの指向性）

　マイクの特長について、動画撮影の講座などでお話しさせていただくと、受講者から「知らなかった」という声をたくさんいただきます。それくらいマイクの指向性のことを気にしないで使っているものです。ですから**マイクを使うと、今まで気になっていた雑音が入らなくなり、それだけでも動画のクオリティが上が**ります。

　ここで知っていただきたいのは、マイクには録音できる範囲、専門的には「**指向性**」があるということです。**マイクを中心に周囲360度、どの部分までマイクが音を拾えるのか、それぞれにきちんと調整されています。**

　ホームビデオのマイクなら、カメラより前方180度を幅広く集音できるようになっている機種が多いので、カメラの後ろの音はあまり拾わずカメラに写っているものの音を拾おうとします。

　カメラに写っているものの音を集音するのがポピュラーですが、ホームビデオは誰でも簡単に使えることを念頭につくられているので、マイクの指向性が広く、たとえば道路で撮影していると、横を通過する車の音など被写体以外の音も拾ってしまいます。これを解決するには指向性の狭いマイクです。マイクを中心に前方30度しか指向性がないマイクなら、被写体の音だけを確実に集音することができます。

　逆に、自分で映像を撮りながら実況したりインタビュアーになるような場合は、マイクはカメラの後方の音まで拾ってくれる指向性の広いマイクを用意する必要があります。

　このように**使用するシチュエーションにあわせてマイクを選べば、自分が集音したい部分の音だけを効果的に録る**ことができます。

● マイクの指向性

● 無指向性

マイクを中心に360度すべての音が集音できます。会議室でのディスカッションや自然の中での環境映像などにお勧めです。

● 双指向性

マイクを中心に前後両方の音を集音します。質問の声も収録するインタビューや対談などにお勧めです。

● 単一指向性

マイクの前の音だけを集音します。インタビュアーの声を入れたくないインタビューや動物の行動記録など被写体だけに注目を浴びせたいときにお勧めです。

● 超指向性

ある方向のかぎられた範囲の音だけを集音します。特定の音だけをしっかり録りたいといったような場合、たとえば雑音が多い人混みで、特定の人物だけの声を集音したいときなどにお勧めです。

有線と無線をうまく使う

「**有線（ワイヤード）**」と「**無線（ワイヤレス）**」も知っておきたい知識です。**有線のほうが音もキレイですし、取り扱いも簡単**ですが、動き回るような映像を収録するときは、マイクを片手にというわけにもいきません。そんなときは無線のマイクを使用すれば、どんなに動き回っても同じレベルで音を集音できるので、視聴者が快適に動画を見ることができます。それぞれの特性をうまく知って、撮りたいシチュエーションにあわせて有線と無線を選びましょう。

知っていると便利なマイクの種類
～ゲームの実況中継はハンズフリーで～

　マイクは指向性だけでなく、形状やつけ方にもたくさんの種類があります。ゲームの実況中継を録画するときなどは、両手を自由に使えるように、ヘッドセット型のマイクを使うことで、両手でゲームをプレイしながら録音することができます。ここでは便利なマイクをいくつかご紹介します。

● ヘッドセットマイク

メーカー	Logicool
品名	G430 サラウンド サウンド ゲーミング ヘッドセット
実勢価格	10,100 円（税抜）

ヘッドセットマイクは頭につけるヘッドフォンのようなマイクです。舞台などで使われるものには、肌色の細いワイヤーでマイクをつけていることがわからないようなものもあります。
洋服につけるピンマイクだと、体を動かしたときにサッサッと衣擦れの音が入ってしまうことがありますが、ヘッドセットだとそのようなことがないので、演劇など体を動かすときによく使われます。
また安価に購入できるうえにハンズフリーになるので、ゲーム実況動画の撮影など、両手がふさがってしまうような収録に便利です。

● ピンマイク（ラベリアマイク）

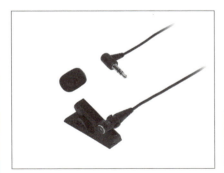

タイピンのように、洋服やネクタイなどにつけるマイクです。このマイクをつけるとマイクを持つ必要がなくなり両手が自由になることから、セミナーや動きながらの撮影に向いています。携帯電話用のマイクつきイヤホンも機能はピンマイクと同じです。

メーカー	audio-technica
品名	AT9904
実勢価格	4,200 円（税抜）

● ガンマイク

ある被写体の音だけを集中して撮りたいときに使うマイクです。ピストルのように長細いマイクの先端を被写体に向けると、その方向から聞こえてくる音だけを収録します。雑踏の中の収録や被写体にピンマイクをつけられないときなどに活躍します。

メーカー	Panasonic
品名	VW-VMS10-K
実勢価格	9,800 円（税抜）

有線の種類はたくさんある

　有線にもいろいろな種類があります。差し口のことをプラグといいますが、このプラグの形状は機種によって違うので、詳しくない人にはとても難しく、マイクを買っても機材に差すことができない残念なことも起こります。形状がわかればこんなことも起きないので、どんな種類があるのか覚えましょう。

1 フォーンプラグ

　目にすることが多い一般的なプラグがついたコードです。プラグの大きさでミニプラグや標準プラグと分けられます。**ビデオカメラや一眼レフカメラはミニプラグでマイク接続する**ものが多いので、家電量販店でもミニプラグのコードをよく目にします。

　これより大きなサイズが標準プラグです。**ステレオなど音響機器はこの標準プラグを採用**しているものが多く、音響ミキサーも標準プラグが主流です。

　このフォーンプラグ、大きさとあわせて気をつけなくてはいけないことがあります。プラグの先端に注目すると、黒や白などの色でラインが入っています。この**ラインが1本のものを「2極プラグ」といいモノラル**で音を送ります。**ラインが2本のものを「3極プラグ」といいステレオ**で音を送る場合に使われます。スマホ用のマイク機能がないイヤホンはこの3極プラグになります。

　最後にもうひとつ、**ラインが3本のものを「4極プラグ」といいます。4極プラグの代表的なのがスマホ用のマイクもついているイヤホンです。ステレオで音を送って、マイクからモノラルで音を受けます**。

　このように極の数でそのケーブルの性能も変わってくるので、ケーブルを購入する際は、使用目的をはっきり確認してから購入するようにしましょう。

● ミニプラグ(左)とフォーンプラグ(右)

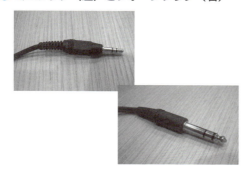

● 4極プラグのマイクつきステレオイヤホン

2 RCAプラグ

ステレオ接続をする際によく使われるプラグです。**右の音(RIGHT)が赤、左の音(LEFT)が白**になっています。ステレオの接続やビデオデッキの接続などで見たことがあるのではないでしょうか。

● RCAプラグ(右の音が赤、左の音が白)

3 XLRプラグ(キャノンプラグ)

プロが使用する業務用マイクで多く採用されています。特徴的なのは、三角形に並んだ3本のピン。接続強度も強くて差込口から抜けにくいことや、雑音が入りにくいといったメリットがあります。

ただし、**XLRに対応している機種の多くが業務用なので、取り扱いが難しいのが難点**です。

● XLRプラグ(左がメス、右がオス)

ミキサー導入で一歩上の収録をする(対談やバンドの音を収録する)

ここまでで、**マイクを使うと効率的に集音できる**ことがわかりました。では対談など複数の被写体から集音したいときはどうしたらいいのでしょうか。

答えは「**マイクを2本もしくは複数本使う**」です。このように複数のマイクの

音をカメラに録画するときに使うのが「ミキサー」です。ミキサーは名前のとおり複数の音をミキシングして1つの音にしてくれます。対談などでは2本のマイクの音を1本の音にまとめてくれるので、その1本になった音をビデオカメラに取り込んで収録すると、マイクが複数本でもそれぞれの声をしっかり収録した映像ができあがります。また、少し高度になりますが、バンドの演奏も各楽器からの音をミキサーに入力して、ミキシングしてビデオカメラに取り込むことで、生演奏を収録した動画ができあがります。

　ミキサーというと難しい感じがしますが、ICレコーダー機能もある小型のミキサーもあるので、音をまとめるために使う程度でしたら使いやすくてお勧めです。

複数のマイクの音を1つの音にまとめて収録するにはミキサーで解決します。対談などの録音の幅が広がります。

メーカー	ZOOM
品名	PodTrak P4
実勢価格	23,000円（税込）

動画にバックミュージックを入れる

　水がしたたる音がすると涼しく感じたり、セミの鳴き声が聞こえると暑く感じたり、音は目に映るイメージを大きく変えてくれます。

　動画も同じで、うまくバックミュージックを入れると、動画のクオリティが格段と上がります。

　動画にバックミュージックをつけると次のような効果が得られます。

雑音消し	収録時に入ってしまった、周囲の雑音を消してくれる効果があります
テンポ付け	テンポよく、あるいはゆったりと、動画をどのようなイメージで見せたいかを誘導するときにバックミュージックは大変有効です。テンポのいい音楽をバックミュージックにすると勢いのある動画になり、ゆったりとした音楽をバックミュージックにすると高級感が出ます

　バックミュージックは、動画のクオリティを高める道具として最高のツールです。もちろんバックミュージックをつけないことも動画の演出なので、何でもつければいいというわけではありませんが、**ダイジェスト動画をつくるときやオモシロ動画など、意図的に人の笑いを誘いたいときには、バックミュージックを効果的に使用する**ことをお勧めします。

音源は無料のものから有料のものまでたくさんある（素材辞典、ダウンロード販売）

　バックミュージックに使う音楽は、どこから入手すればいいのでしょうか。詳しくは、 絶対法則31 でお話ししますが、動画編集するソフトの多くに無料のバックミュージックが付属しています。さらにはYouTubeにも無料で使えるミュージック音源が多数用意されていてます。YouTubeも含めて、**動画編集ソフトはそのソフト内で音楽と映像の編集が簡単にできるようになっているので、慣れていない人は、まずはこのような無料のバックミュージックを使う**ことをお勧めします。

　ただしこれら無料の音源は、使いやすい分、多くの動画で使われています。そのため、同じバックミュージックの動画に遭遇することもあるかもしれません。人と同じものが嫌だったり、自分のイメージに近づけたいときは有料で音楽を購入しましょう。主な購入方法は次の2つになります。

1 バックミュージック用の音源が収録されたCDやDVD

　バックミュージック用の音源が、CDやDVDに収録されて販売されています。これらは家電量販店やインターネットで購入できます。さまざまな種類の音源が販売されているので、自分のほしい音がどんな音なのか確認したいときは、**メーカーのホームページでサンプルの音源を聞いてから購入する**ことをお勧めします。これらはCDやDVDに収録されていて、日本語の解説つきで初心者にも簡単に扱えるようになっていますが、価格は高めです。

2 インターネットの音源ダウンロードサイト

　もっと安価にたくさんの音源の中から自分にあった音源を探したいときは、インターネットでの購入をお勧めします。インターネット上には、DVDに収録されている音源数とは桁違いの数の世界各国のクリエイターがつくった音源が公開されているので、自分の求める音源にたどり着けるかもしれません。

　少し前までは海外のサイトがほとんどで、購入に躊躇するようなことも多かったのですが、日本の企業でもこの著作権フリー音源のインターネット販売を行う事業者が増えてきたので、幅広い選択肢から選ぶことができるようになりました。

● 甘茶の音楽工房（フリー BGM 素材）
http://amachamusic.chagasi.com/index.html

● ノスタルジア（アコースティックな音楽素材）
http://nostalgiamusic.info/

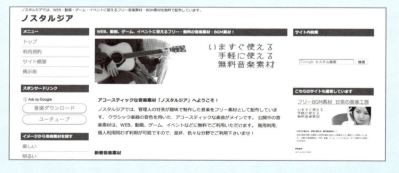

初心者　中級　上級

絶対法則 18　機材の選び方 ❸ 周辺機器編

カメラがあれば映像を撮れますが、安定して撮ったり、通常では撮れないような映像を撮ってみたり、普通では聞こえない音を収録してみたりと、一歩上を行く動画にするためには、周辺機器の知識が必要不可欠です。カメラやマイクにも目的に応じた周辺機器があったように、クオリティの高い動画づくりのために、周辺機器の使い方をマスターしましょう。

ビジネス	YouTuber
周辺機器を使うことで、ビデオカメラだけでは撮れない動画がつくれるようになります。会社や商品のブランディングに相応しい動画にするために、周辺機器を活用しましょう。	周辺機器を使えばプロにも負けないクオリティで、人が真似しにくい映像を収録することができます。特に趣味要素が強く視聴者のこだわりが強いコンテンツでは、周辺機器を使ってその特長にフォーカスできれば支持を受けやすくなります。

周辺機器をマスターする

　周辺機器とは何でしょうか。たとえばビデオカメラであれば、動画を撮るためのレンズ、音を収録するためのマイク、それを記録するレコーダーがカメラに内蔵されています。最低限ということであればこの機能で足りますが、数あるYouTubeの動画の中で視聴されるためには、ほかの動画より一歩上を行く動画にしなければいけません。

　そのとき役立つのが、周辺機器といわれるカメラやマイクを補完する道具です。カメラを安定させるために、手でカメラを持つより三脚を使ったほうが安定します。森の中で微かに聞こえる鳥のさえずりを収録したいとき、カメラのマイクだけでは難しいですが、集音マイクを使えば小さい音の鳥のさえずりも収録できます。このようにカメラとマイクだけでは対応できない部分を補うために、さまざまな周辺機器があります。さまざまゆえに、その特長を理解しておくことが大切です。

ビデオ三脚を選ぶ

　最もポピュラーな周辺機器といえば三脚です。大切なことはビデオ用の三脚を使うことです。タイトルを「**ビデオ三脚**」としたように、多くのみなさんがビデオ用ではなく写真のカメラ（スチールカメラ）用の三脚を使っています。

この両者、つくりに大きな違いがあります。写真は静止画、つまり止まることを目的とした三脚になります。
　これに対して**ビデオは動画、つまり動くことを目的としているので、パンやティルトなど、動きをつけることができるよう三脚が粘りを持ってスムーズに動くしくみになっています。**そのため、スチールカメラ用の三脚でビデオを収録しようとすると、カメラを動かすのが難しくカクカクした動きになってしまうのです。

● **ビデオ用三脚**

安価ながらもビデオ三脚はティルトやパンなど動画撮影に便利な機能を持った三脚になっています。カメラと三脚をつなぐ器具を雲台といいますが、こちらもビデオカメラにあわせて細長いものになっています。高級なものに比べてカタカタする感じがすることもありますが、動画撮影の最低限の条件はそろっています。

メーカー	Velbon
品名	EX-547
実勢価格	14,300 円（税抜）

　残念なのは三脚に種類があることを知らずに、三脚というひと括りの解釈でスチールカメラ用の三脚が使われていることです。
　ビデオ用三脚にすることで、動きのあるものをスムーズに追えるようになるので、動物を追ったり電車を追ったりするような動画を撮りたいときは、必ずビデオ三脚を使いましょう。

ガンマイクとレコーダーで本格収録

1 ガンマイク

　音についての周辺機器もたくさんあります。カメラにもマイクはついていますが、指向性や被写体との距離といった制約が多くあります。そのためSLの迫力ある汽笛を収録したいとか、小鳥のさえずりを収録したいというときには対応できません。こんなときに活躍するのがガンマイク。指向性が高いので、マイクを向けた方向の小さい音を拾います。

2 ガンマイク＋ICレコーダーやフィールドレコーダー

　もう一歩進歩させた方法が、ICレコーダーやフィールドレコーダーという録音機を使った撮影です。カメラに直接取り込むマイクの場合、カメラから離れることができずカメラを設置した位置での撮影になり、もっと被写体にマイクを近づけたいと思っても近づくことができませんが、**ICレコーダーやフィールドレコーダーにガンマイクを取りつけると、カメラの固定位置から開放されて好きな場所で音を収録できる**ようになります。

　収録した音を編集のときに映像とあわせれば、カメラのマイクで収録したものとは格段に違う迫力あるサウンドが広がります。汽車の音を線路の間近で収録しつつ、映像は少し遠目から追って見たり、カーレースの動画に、レースコースの近くで迫力ある音を収録してつけ加えるといった演出に使える機器です。

● ICレコーダー

ICレコーダーは数多くの機種が簡単に入手できるので、店頭でマイクとの相性を確認して購入しましょう。一眼レフカメラでの動画撮影普及にあわせるように、互換性の高いICレコーダーも発売されています。

メーカー	ZOOM
品名	ZOOM H6
実勢価格	39,670円（税抜）

| 初心者 | 中級 | 上級 |

絶対法則 19 三分割法で構図をマスターする

撮影のクオリティを高めるために機材にもまさって大切なものが「構図」です。カメラ機材の低価格化高機能化で、機材ではプロと素人の差が縮まってきましたが、それでもプロの映像が素晴らしいのは、「構図」をしっかりつくれているからです。ここではプロも活用する基本的な構図のつくり方をマスターしましょう。

ビジネス	YouTuber
相手にどう見えているかは、ブランディングをするうえで大切な要素です。どのように伝えたいかを考え、それを的確にイメージできる構図の動画は、今まで以上に伝わるものになります。	構図は人間の心理に知らず知らずに訴えかける力を持っています。この心理的しかけを動画にうまく盛り込むことで、視聴者をより動画に引き込むことができるようになります。

三分割法でカンタンにプロ並みの構図をつくる

　構図のつくり方にはさまざまなルールがありますが、ここでは最もシンプルで効果のある構図のつくり方として「**三分割法**」を覚えてみましょう。

　三分割法とは簡単にいうと、**画面を９つの四角のブロックに分けて（タテ三分割、横三分割）、その真ん中にくる四角の交点に被写体を置く**、というものです。

　映像の多くが16：９という横長の画面になったので、被写体を置く位置のバランスが４：３のほぼ正方形の画面の時代と比べてとても大事になってきています。

　三分割法を使わないと、被写体を中央に置いてしまいがちになりますが、中央に置いてしまうがゆえに、画面の左右に空きのスペースが多く取られてしまい、主役の被写体の力が弱くなって迫力に欠ける映像になってしまったりします。

　これに対して、三分割法は被写体を中央四角の交点、左右どちらかに配置し、左右対称のバランスを崩しながら、被写体と反対のスペースを、次々頁以降の例のように活用することで、空きスペースにも意味を持たせて情報の多い画面にしていくことができるのです。

● 三分割法

三分割法で背景を活用する

　被写体と左右反対にある部分は被写体に対して背景となりますが、この背景をうまく活用することで、映像に迫力を与えるだけでなく、さまざまな情報を視聴者に伝えることができるようになります。

● 情景を伝える

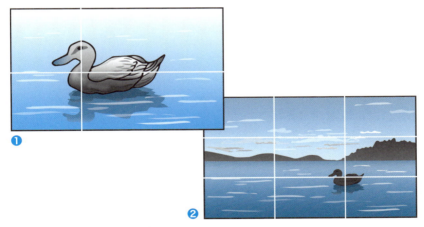

　上記の2枚のイラストを見ていただくと、❶は水鳥だけを写しており、❷は三分割法で水鳥を写しています。つい主役の水鳥だけに寄って撮影したくなり❶の構図の映像を撮ってしまいがちです。
　ここで気づきましたか？　❷の三分割法の構図には、水鳥が写っているだけで

はなく、「山の中の湖にいる」「1羽でいる」「朝焼けか夕焼けの薄暗い湖にいる」と、主役の被写体だけでなく、さまざまなシチュエーション情報を伝えています。

　私たちは映像のほんの少しの瞬間的な画像からも、さまざまな情報をまとめて取得しようとします。そのため❶では水鳥としか認識しなかったものを、「薄暗い湖に1羽でたたずむ水鳥」と、ストーリーを喚起させる情報を受けつつ見ることができるようになります。

　この**周辺情報こそが、伝える動画に必要な要素**なのです。

　同じ10秒の動画でも、視聴者に与える情報量が大きく変わってきます。この与える情報を考え、構図に埋め込んでいくことができるようになると、YouTube動画で伝わる力は何倍にも膨らんでいくのです。

● **背景に公園（ブランコ）を入れた例**

公園のブランコで遊ぶ子どもたちが背景に入ることで、やさしさが表現できています。

● **背景に焼き物を置いた例**

焼き物を置くことで、落ち着いた雰囲気を動画に与えることができます。

● ホワイトボードを入れた例

セミナーや講演会では、演者、スタッフ、来場者と、さまざまな人が会場にいますが、ホワイトボードを背景に入れることで、被写体が講師であることがわかりやすくなります。

このように、背景が視聴者に与えるイメージや、ストーリー性のあるものを置くことで、被写体が語って説明しなくても多くの情報を視聴者に与えることができ、伝わりやすい動画になります。

左右の振り分けについて

三分割法では、被写体を中央の四角の交点の左右に振り分けました。では左と右、どちらに振り分ければいいのでしょう。適当ではもったいなくありませんか。ここも人間の心理を考えると、伝わりやすい構図にすることができます。

私たちは、画面を見ると自然に左から見る癖があります。そのため画面左側が第一印象となるので、この第一印象のイメージで伝え方を操作していきます。

1 被写体を左に置いた場合

視聴者はまず左側に目がいくので、左に置いた被写体を最初に捕捉します。ですから、左の被写体はパッと目に入ってきます。つまり、左側に人物を配置すると、勢いよく語りかけてくるような元気のあるイメージをつくることができます。通販番組でも、よくしゃべるアナウンサーは左側にいます。商品を販売する勢いを映像で表現するには、画面の左側にいたほうがしっくりくるのはこのためです。また左側は動画の第一印象となる部分ですから、華やかな人が映ると動画も華やかになります。ニュース番組を見るとわかりますが、女子

アナウンサーは左側にいることが多いです。これは、映像を華やかにする効果を期待しているからです。華やかさとは違い、政治家の討論番組だと、重鎮の政治家が左側にいたりします。左に重鎮の政治家を置くことで、画面に厳かさや迫力が出るので、その効果を期待しています。

2 被写体を右に置いた場合

反対に被写体を右に置くと、視聴者はまず左に目がいってから右に被写体を捕捉しにいくので、第一印象ではなくセカンドステップになります。

インタビューでいうと、インタビュアーが問いかけたことに回答するような動画だと、右側に被写体を配置することで、インタビューを受けて回答するというセカンドステップとイメージがあい、視聴者が受け入れやすい動画になります。ニュースや報道番組では、解説者やコメンテーターを右側に配置することがよくあります。これもアナウンサーなどが一気に説明したことを、まとめとして解説するセカンドステップの行為がイメージと相まってしっくりくる構図となります。

このように、被写体の左右への振り分けだけでも、視聴者に与えるイメージが変わります。何をどのように伝える動画かを整理すると、被写体は左がいいとか、右がいいとか、意味を持って構図がつくれるようになります。

かぎられた時間の中で最大限に伝えるテクニックをマスターすれば、同じ制作時間で届く情報は何倍にもなって、効率的な動画運用ができるようになります。

カメラやスマホのグリッド線を表示させる

三分割法をお話ししたのは、シンプルでポピュラーな構図のつくり方だからです。そのためカメラやスマートフォンでもこの三分割法の構図をつくるための補助ツールとして「**グリッド（線）**」という機能があります。

このグリッド線、多くの場合、デフォルトでは表示されていません。iPhone（iPad）のグリッド線の表示のしかたを次頁で説明します。

Android端末やカメラ（一眼レフなど）でもグリッドは表示できますが、設定のしかたが各機種に依存してしまうので、iPhone以外の機種については説明書で確認してください。

● iPhoneでグリッド線を設定する

手順1 「設定」から「カメラ」をクリックする。

手順2 「グリッド」をアクティブにする。

手順3 カメラを起動させると画面にグリッドが表示されている。

初心者　中級　上級

絶対法則 20　人物の撮り方をマスターする

三分割法のように構図のつくり方には法則があり、その法則を意識しながら撮影することで、伝わりやすくかつ編集も簡単にできる動画が撮れます。人であれば印象を、物であればあたかもそこに物があるように工夫をして、構図を考えながら撮ることができるようになると、動画は格段に伝わる道具になります。

ビジネス	YouTuber
同じことを伝えるにも、やさしく伝えるのと強く伝えるのでは視聴者の印象も変わります。撮り方に工夫を入れて、伝えたいように伝える技術を身につけましょう。	商品を紹介する動画では、視聴者の目の前に物が実際にあるように見せることができるとリアリティが増します。リアリティが増す角度を的確に探せれば、どんな場面でもどんな商品でも視聴者がほしくなったり使いたくなったりする動画になります。

人の撮り方にはパターンがある「あおり」と「俯瞰(ふかん)」

　ここでは、さらに人物を撮ることにフォーカスして撮り方を考えてみましょう。三分割法と同じように人物の撮り方にもパターンがあります。人物にしても、物にしても、撮り方で最も大切なことは「**視聴者の眼になること**」です。視聴者がどう見えているかという観点で、構図を考えればいいのです。

　たとえば、自分より大きな大男を真下から見上げるとどうですか？　威圧的な視覚にドキドキしませんか？　これがカメラの「**あおり**」の構図です。反対に小さな子どもの頭をなでながら、上から覗き込んだらどうですか。上目遣いで愛おしさが伝わると思いませんか。これがカメラの「**俯瞰**」になります。このように、自分がいつも体験しているシチュエーションを映像に置き換えればわかりやすくなります。

　そこで気をつけないといけないのが、スマートフォンやタブレットなど、机の上において撮影しがちなカメラの場合です。 絶対法則13 でも触れましたが、スマートフォンやタブレットは、カメラを安定させるために机において撮影します。ところが、そのために何も意識しないと「あおり」の構図になってしまいます。女の子をかわいく見せる映像にしようとしているのに、映像は先ほどの例でいうところの「大男を見上げるような威圧的な映像」になってしまいます。また頬がカメラに近くシモブクレの顔になり、鼻の穴も強調されてしまうので、映像とし

てはイタい映像になってしまいます。

　Instagramで人気の女の子たちは、**自分撮りでも、必ず俯瞰でカメラを上から下に向けて、上目遣いで撮っています**。これだと、上目かつ遠近法でアゴのほうに向かって遠くなるので、顔が小さく見えるだけでなく、鼻筋も通って見えます。まさに「あおり」で撮るときと反対の効果になるわけです。かわいく撮りたいときに、どちらを選択するかは明らかですね。

　反対にスゴミを利かした映像で視聴者に訴えたいときは、「あおり」で撮ればいいわけです。

● あおりで撮った女の子

● 俯瞰で撮った女の子

このように撮り方のパターンも難しく考えるのではなく、見え方のパターンを意識すればおのずとパターンができあがってきます。

● 参考

絶対法則12 イメージのつくり方 ❶　画面サイズについて
絶対法則13 イメージのつくり方 ❷　カメラの動きでイメージを操作する

ここでは「あおり」と「俯瞰」についてお話ししましたが、もちろん「目高」で撮るべきシチュエーションもあります。ただ、「目高」は全体にのっぺりとした映像になるので、記録用映像としてはいいのですが、相手に伝えるための映像ではイメージが弱くなります。販促にせよオモシロ動画にせよ、映像にアクセントをつけるためには、少しだけでも「あおり」か「俯瞰」のどちらかに寄った構図にするといいでしょう。

視聴者にどう見せたいかで、撮り方が変わる

次は、撮り方という観点から人物撮影を考えてみましょう。撮り方で人物のイメージが変わるのは照明です。照明の詳しい使い方は、絶対法則15 でお話ししましたが、ここでは人物を撮るということにフォーカスして考えてみます。

こちらも大切なことは「**視聴者の眼になること**」です。

子どものころ、暗闇で懐中電灯の光をアゴの下からあててオバケのように驚かしたことはありませんか？　照明効果を使った遊びです。下からの光という自然界では起こらない状況と、オバケという実体のないもののイメージが重なってコワさが増しているのです。このように、光の人物へのあて方で大きくイメージが変わってきます。

いくつか例を見てみましょう。

1 人物の向かって右前から照明をあてる

左後ろに向けて影ができるので、左奥に奥行きが出ます。これによって、映像には映っていなくても右側に対面する人物がいるような感じになり、**光の方向にお客様がいるように話しかけると、視聴者も映像の中に入り込んでいくような感覚になる**動画が撮れます。

このとき、照明の上下も考えてみましょう。ホラー的な恐怖もしくは迫力を出したいときは、左下からあおるように光をあてると怖さや迫力が増します。反対

に上からあてると明るく楽しい話をしている感じになります。

● 人物の左前から照明をあてる例

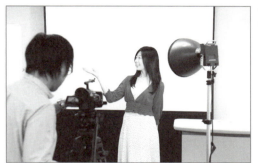

例は、右側に対面する人物がいるのではなく、左側にテロップを入れたりできるようにしています。

2 人物の真後ろから照明をあてる

これはまさしく「後光」です。**人物が光に包まれたような映像になるので、人物を強力に目立たせたいとき**に使います。このときも照明の上下を考えてみましょう。

上から照明をあてると強力なスポットライトになり、人物が主役感たっぷりに華やかに映ります。反対に下から照明をあてると、自然界ではない下からの光に包まれるイメージ、さらには上に向かって広がっていく光の線が映し出されるので、**まさに後光のように人物のカリスマ感を出したり、宗教的な厳かさを醸し出すことができます。**

このように照明の工夫をすると、より相手に伝わる動画になります。

● 人物の真後ろから照明をあてる例

初心者　中級　上級

絶対法則 21

物の撮り方をマスターする

商品やネタに使う道具など、物を撮るシチュエーションはいろいろあります。人物は動きがありますが、物には動きがまったくないものもあります。これらをどのようにして動きのある動画として撮って伝えていくのかが物の撮り方では大切になります。ここでは物にフォーカスして撮り方を考えます。

ビジネス	YouTuber
視聴者の前に物はなくても、あたかも視聴者が目の前にある物を触っているかのように動画で見せることが大切です。お店で、目の前にある商品をチェックしているような感覚になれるように、意識してみましょう。	商品の質感や使い勝手を知りたいと思って動画検索している視聴者がたくさんいます。商品レビュー動画は、メーカーにはないユーザー目線で伝えることが視聴者獲得に効果的なので、使用感を伝える物の撮り方にチャレンジしてみましょう。

物の撮り方は縦横高さの3次元情報が大切

　動画も写真もタテ×ヨコの2次元の枠での表現ですが、被写体となる物まで2次元とすることはありません。

　たとえば、この書籍を机の上に置いて真上からきっちり対面させて写真を撮ると、書籍のタテとヨコの情報のみの平面な物体の写真になります。

　ここからカメラを少し斜め左下にずらしてみるとどうでしょう。書籍の厚みが見えてきて、平面だった書籍が立体になります。そうすると先ほどと違ってタテ、ヨコに加えて厚みという高さの情報が加えられたので、書籍のサイズ感がよりハッキリしてきます。

　私たちは、**2次元の絵の中に3次元になる情報を自然と探しています**。その情報を表現することができると、2次元の動画の中でも3次元の物体としての情報を視聴者に提供することができ、より動画にリアリティが加えられます。

　コツは、**被写体をおおよそ対面から30度〜60度程度の幅で左か右に、さらに被写体平面から同じく30度〜60度程度で高さの角度をつけてあげる**ことです。こうすることで私たちが日常生活で物体を補足する角度に近づきます。

　たとえば、机の上に置いてあるペットボトルをつかむとき、UFOキャッチャーのように真上から取るのではなく、ペットボトルの斜め上からつかみにいきますよね。

　この日常の私たちの行動の感覚を動画でも表現することによって、被写体があたかも視聴者の目の前にあるような擬似感を醸し出せるようになります。

● タテ×ヨコに高さを加えて立体的に

書籍を対面で撮ると、表紙のイメージはわかりやすくなりますが、厚みの情報がないので、紙1枚にコピーしたように見えてしまいます。

書籍を左下30度程度、平面から45度程度傾けて撮ってみると、表紙のイメージに加えて厚みの情報が加わり、リアリティが増します。

視聴者目線を意識する

　物を撮ることを「**物撮り**」というように、プロも人を撮るときと物を撮るときでは撮り方を変えます。照明など複雑な対応もありますが、まずは前述した「**視聴者目線を意識する**」ということを考えて、物と向きあってみます。

　視聴者目線は、物の立体感の表現だけではありません。みなさんが家電量販店でビデオカメラを買うとき、ビデオカメラのある1点だけを集中的に見て品定めをすることはないと思います。いろいろな角度から見てみたりボタンを触ってみたり、さまざまな情報を集めて、その情報をもとに購入するかどうかを決めるのではないでしょうか。商品レビュー動画も同じです。映像とはいえ、商品を視聴者の目の前に出すわけですから、視聴者が品定めできる情報を提供してあげなくてはいけません。動画の場合、**視聴者は商品を自分で動かすことができないので、視聴者に変わって物を動かしてあげる必要があります**。これが「視聴者目線を意識する」ということです。

　こう考えると、物撮りのときに気をつけなくてはいけないことがわかってくると思います。動画は視聴者の目や手の役割をしてあげなくてはいけないのです。そのために大切なのは次の2点。シンプルですが、物撮りの基本の考え方です。

❶ 視聴者の目線を意識する
❷ 視聴者の品定めの代理作業をしっかり動画に組み込む

● 視聴者の目線の動きを覚える

アピールポイントは別撮りでしっかりリーチする

　視聴者目線を意識するとき、**アピールしたいポイントをしっかりと映像で伝える**ことが大切です。品定めをしたり、何かのしかけの道具を見るとき、近くに寄って確認したくなります。そんなとき、私たちの眼は物の1点に集中して情報を得ようとしています。これと同じことを動画でも表現してあげれば、視聴者はストレスを感じずに視聴することができます。

　では、1点集中の映像をどのように撮ればいいのでしょう。

　1台のカメラで撮っているときは、どうしてもカメラのズームで物のアピールポイントに寄ってしまいがちです。ただ、この方法はお勧めしません。私たちが物の1点に集中するとき、ゆっくりとその1点に眼が近づいていくでしょうか。私たちの眼の動きはとても速いので、パッパッと見たいところに焦点があっているはずです。

この動きとカメラのズームの動きが同じではないので、視聴者からすると「早く寄れよ！」とストレスを感じてしまいます。**眼と同じ動きをするためには、ズームで寄っているととても間にあいません。一生懸命早くズームしてしまうと、私たちの眼と違う動きなので視聴者がストレスを感じてしまいます。**
　これを解消できるのが「**別撮り**」です。
　たとえば商品説明の動画をつくるときは、通常どおり商品を説明する人を中心に収録しておいて、商品のアピールポイントなどはあとからその部分だけを収録します。これだと説明の流れに関係なくゆっくり撮影できるので、商品に寄ったりいろいろな角度から撮影したりできます。このようにして収録した別撮りの映像は、後ほど編集のときに、話の流れにあわせて本編の映像に組み込んでいきます。これで話の流れをさえぎらず、かつ話の流れにあわせて、商品の伝えたい部分に瞬間的に寄った映像をつくることができます。これで視聴者の眼の代わりを果たした、ストレスのない伝わる映像になります。

● 視聴者の目の代行をするテレビショッピングの映像

❶ 商品を説明する人（バストアップ）

❷ 商品に寄った絵
（カメラのボタンにクローズアップ）

❸ また、バストアップの商品を説明する人

人物が登場することで無機質さをなくす

　テクニックではなく、感覚的なお話です。
　物を撮るときに、「**人を一緒に撮る**」ということも大切です。物を撮る話なのにおかしな感じもしますが、実は大切なことです。
　理由は簡単、物だけを画面に入れると映像が無機質なものになってしまうからです。無機質なところに人はいづらいものです。たとえば、夜の神社を撮るときに、お祭りで屋台がたくさんあって人が溢れていると楽しい映像になりますが、普段の真っ暗で静かな神社はどう撮っても怖くしか撮れません。
　この差は何でしょうか？　人が溢れている活気があるかないかです。**人は活気のあるところには近づきやすいですが、無機質なところには近寄りがたい**のです。
　ここでつくろうとしている動画は多くの人に見てもらうことを意識した動画ですから、真っ暗な神社ではなくお祭りの神社にしたいのです。そのためには、物の動画であっても人物が登場することが大切な要素になってきます。活気は人間にかぎりません。イヌやネコなどの動物も活気を生みます。
　このように、**動画に活気を出して視聴しやすいようにすることも物を撮るうえでは大切なしかけ**になります。

サイズを伝える情報を盛り込む

　物を撮って伝える動画に人物が出たほうがいい理由は、活気だけではありません。被写体のサイズを伝えるという大切な役割もあります。もちろん被写体単体の動画も大切なのですが、単体だとサイズが伝わらないのです。
　たとえばぬいぐるみを映した動画だったら、子どもでも大人でも人物がそのぬいぐるみを持っていると、映っている人の想定年齢から体格のイメージをつくり、それとぬいぐるみを比較することでサイズの情報を把握することができますが、ぬいぐるみ単体だと大きいのか小さいのかがわからないのです。
　子ども用の歯ブラシは大人用の歯ブラシと並べてみるとサイズの違いがわかりますが、仮に大人用も子ども用もあまりデザインが変わらなかったとすると、単体の絵からサイズ差をはかることはできません。
　この**サイズを認識させる、ということも視聴者にリアリティを持たせるために大切な要素**になります。
　動画にせよホームページなどに掲載する写真にせよ、真面目な人ほど被写体だけを撮る傾向があるように感じます。もちろん主役は商品なのですが、少し崩してサイズ感を伝える絵をつくることも大切な情報提供なので、上手に被写体を主

役にしつつ、サイズ感の尺度となる人物なり物を組み込む技術を身につけていけると、動画だけでなく通販サイトなどで使う写真でもリアリティ感を上手に伝えられるようになるでしょう。

● **比較できる情報を盛り込む**

物だけだと無機質になりますが、人が持ったり手を添えたりすることで動画に活気が出ます

初心者 / 中級 / 上級

絶対法則 22 動物や電車など動くモノの撮り方をマスターする

動画ですから電車や動物など動いているモノを撮りたくなります。動いている被写体を収録するときは「フォロー」と「フィクス」の2つのカメラワークがあって、どちらを選ぶかによって動画のイメージが大きく変わってきます。それぞれのカメラワークがどのような効果をもたらすかを知り、自分のイメージにあった動画がつくれるようになることを目指しましょう。

ビジネス	YouTuber
撮り方を変えるだけで、映像に勢いをつけたり、余韻を持たせたりすることができます。商品やサービス、さらには自社ビルや不動産物件など、目的にあった動きを意識してお客様のイメージにあう動画を撮りましょう。	アクティビティを撮るときは、撮り方によって動きに迫力がつけられます。カメラアクションに工夫を入れることで、アクティビティも実際よりもさらに楽しいものに見えます。視聴者を釘づけにする迫力ある動画を目指してみましょう。

▌動くモノを「フォロー」して迫力を出す

　動いているモノを撮るときに使われる撮り方が、「**フォロー**」です。**フォローは動いている被写体にあわせてカメラが追いかける撮り方**で、基本的には被写体が常にカメラの中心にあります。フォローで得られる効果は何といってもスピード感の迫力です。たとえば電車を線路の横から撮影する場合、右から左に電車が走ってきたら、その動きにあわせてビデオカメラも右から左へ動かします。これで被写体である電車は画面からこぼれることなく収録できるうえに、背景が流線型に流れ、電車の疾走感をよりリアルに表現することができます。この**横の動きのフォローを「パンフォロー」**といいます。

● 走ってくる電車を横に追いかけるのがパンフォロー

水辺で、バードウォッチング風に空へ飛び立つ鳥をフォローするときは、その動きにあわせてビデオカメラも下（水平）から上に向かって動かします。こちらも背景が下に流線型に流れるので、飛び立つ勢いが表現できます。この**縦の動きのフォローを「ティルトフォロー」**といいます。

● 飛び立つ鳥を縦に追いかけるのがティルトフォロー

　フォローは多用しすぎることに気をつけなくてはいけません。多用するとカメラの動きの速さに疲れてしまうので、フォローの映像はここぞという迫力を表現したいところで効果的に使うようにします。

待ち構えて疑似体験を醸し出す「フィクス」

　あえて被写体を追いかけずに、画面を固定して被写体が近づいたり遠ざかったりする余韻を表現する方法もあります。**ビデオカメラを固定しているので「フィクス」**といわれます。

　ここでも電車を例にしてみましょう。被写体は同じですが、先ほどと同じく線路の横から収録すると、電車が来るまで何も動きのない動画になってしまい面白味に欠けてしまいます。そのため「フィクス」で収録するときは、極力正面から収録できる場所を探してカメラを固定するといいでしょう。このアングルなら、遠くからだんだんと近づいてくる電車の姿をうまく動画にできます。さらにマイクを線路に近づければ、線路を通して聞こえてくる車輪の音も近づいてくる電車とともに大きくなり、映像と音のシンクロ効果で、視聴者があたかもその場にいるような動画にできます。

　フィクスでは風景が固定され、被写体の動きが大小で表現されるので余韻のある意味の深い映像にすることができます。

ただこの効果は反対の効果もあり、風景が固定されてしまうので、映像が単調になってしまうというデメリットもあります。
　たとえば映画なら、西部劇で主人公が夕陽に向かってだんだんと遠ざかっていくシーンのように、視聴者に何かを考えさせる場面で、動く被写体とフィクスの映像が象徴的に使用されます。YouTubeでは短くテンポのよい動画が好まれる傾向もあるので、状況を考えて上手にこの方法を使うことが大切になります。

とにかく撮って編集でつなげる

　フォローやフィクスなど、動く被写体の撮り方をお話ししましたが、そもそも動く被写体は撮りにくい。電車などは決まった動きをするので比較的撮りやすいですが、犬や猫、鳥といった動物、子どもなどは、こちらが予想しない動きをする被写体もたくさんあります。
　このような**動きのあるものを撮るコツは、とにかく撮ること**です。成功失敗は関係なくとにかく撮りましょう。映像には「編集」というあとからフォローできる素晴らしいしくみがあります。悩むよりはどんどん撮って、あとから編集で映像をつなげていきましょう。これくらいの気持ちの軽さがあってこそ、決定的瞬間が撮れたりします。**「悩むより撮る」これこそがいい映像を撮るコツ**です。

● とにかく「撮る！」悩むより撮る

YouTube ライブで生中継

　YouTube も、生中継の「YouTube ライブ」がかなり普及してきました。

　YouTube ライブの場合、「とにかく撮って編集でつなげる」のではなく、「とにかく撮って中継する」という方法が人気です。

　たとえば、瀧澤克成さんが運営しているギターレッスンのチャンネル。初心者から上級者まで使えるギターテクニックや理論を動画でわかりやすくレクチャーしてくれていて、チャンネル登録者 15 万人を超える人気チャンネルです。

　ライブでは視聴者からのチャットでの演奏リクエストなどにも応えながらインタラクティブ（双方向）に進行していくので、まるで教室やバーで実際にレクチャーを受けているように進んでいきます。何が起こるか（聞けるか）わからないこともスリリングで、言葉のとおり目が離せません。

　ライブでの双方向のつながりは新しいコミュニケーションスタイルです。

● 瀧澤克成

https://www.youtube.com/user/afterbeatguitar/videos/

初心者 中級 上級

絶対法則 23 被写体を追いかけながら撮るときのテクニック

ニュースやバラエティ番組で、被写体を追いかけながら撮影しているところをよく見かけます。このような臨場感あふれる映像でも手ブレをなくせば、安定した映像になって見る人に安心感を与えることができます。もしくはそれを逆手にとって、あえて手ブレさせることで、迫力のある映像にすることも可能です。ここではカメラを固定できず不安定な状態での撮影方法について考え、効果的な映像が撮れるようになることを目指します。

ビジネス	YouTuber
職場や店舗のバーチャル見学や内覧会、会社までの道案内動画など、視聴者に疑似体験を与えるような動画は、会社や店舗を身近なものにすることができ、来訪につなげることができます。	あえて手ブレさせたりカメラを大きく動かすことで、臨場感あふれる迫力ある動画にすることができ、視聴者を動画の世界に引き込むことができます。

スタビライザーカメラで高度な収録を可能にする

　動く被写体を追いかけながら撮影すると、突撃インタビューや現場ロケのように迫力のある映像が撮れます。撮影者はビデオカメラを持ちながら追いかけることになりますが、そうすると撮影者の体の揺れにあわせてカメラに手ブレが発生し、視聴者が酔ってしまうようなストレスのある映像になってしまいます。

　家庭用ビデオカメラなど一般の人が使用することを目的としたカメラには、このような手ブレを防止する機能が標準でついていることが多く、その性能も素晴らしいので、この機能を使うだけでも被写体を追いかけながらの撮影が可能です。

1 スタビライザーカメラ

　絶対法則16「機材の選び方❶映像機器編」でも書きましたが、電子制御で軸を動かしてカメラ部分を安定させるスタビライザーカメラが普及しはじめました。これはドローンに搭載のカメラを安定させる技術が応用されており、**焦点を認識すると、そのポイントをカメラが外さないよう複数の軸を電子制御で動かすことで、手は動いていてもカメラ部分は動かなくするもの**です。

　以前のスタビライザーと呼ばれる機器は、やじろべえの原理で、カメラと重りをやじろべえのようにしてバランスを取り、重力の理論でカメラを持つ手が動いてもバランスを保つというものでした。カメラと重りのバランスを取ったり、設定が難しかったうえに、うまく設定しないとゆらゆらとSF映画のUFOにでも乗っ

ているような映像になってしまっていました。さらに価格が高価なのも、一般の人が使用するのにはネックとなっていました。

　これに対してスタビライザーカメラは、電子制御でスマートフォンなどのアプリともWifiなどで連携できるので設定も容易です。価格も10万円代からどんどん値を下げ、今ではカメラ機能もスマートフォンに委ね、スタビライザー機能だけを持つ機器であれば1万円代で購入できるようになりました。

　さらに過去のスタビライザーは重りを使っていたので持ち運びが面倒だったのですが、スタビライザーカメラはサイズも小さくなり、リュックにも収まるサイズになりました。こうなると普及します。観光地に行くとこのスタビライザーカメラを片手に観光している人をたくさん見かけるようになりましたし、テレビ番組でも散歩番組などで使われているのをよく見るようになりました。私たちも撮影現場で、このスタビライザーカメラをよく使います。**天井があるためドローンを飛ばすことが難しかった室内も、スタビライザーカメラを高く掲げて歩けばまるでドローンで空撮しているように映ります**。住宅展示場の内覧会では、小さい子どもにスタビライザーカメラを持たせて家の中で遊んでもらうと、らせん階段でも手ブレなしで子ども目線で住宅の様子を伝える映像が撮れます。

　このようにスタビライザーカメラが1台あれば、さまざまなシチュエーションでいろいろな用途に使えます。これからのYouTube動画の撮影には欠かせない機器となっていきそうです。

2 ショルダーサポート

　スタビライザーカメラが普及してきましたが、広角のレンズだったり、カメラ部分を入れ替えられるとしてもスマートフォンやウエラブルカメラサイズの小さいものだけにかぎられたりと、まだ映像撮影には物足りないところがあります。

　このようなときは、**肩にビデオカメラを載せて安定させるショルダーサポートがお勧め**です。肩にカメラを載せて撮影するので、撮影者と同じ目線で迫力のある映像が撮れます。御神輿を担いでいるように肩に載せるので、激しい動きの中でも比較的安定して動画を撮影することができます。**人物を迫力ある構図で追いかけて撮りたいときなどは、スタビライザーカメラの広角レンズでは表現できないので、ビデオカメラをショルダーサポートに載せて撮るのがお勧め**です。

　気をつけなくてはいけないのは価格です。ショルダー型のビデオカメラは業務用のカメラになり、50万円を超える値段のカメラがほとんどなので、購入するのは現実的ではありません。**お勧めは今お使いのカメラを、簡単にショルダー型のカメラに代える「ショルダーサポート」**です。使い方は簡単で、三脚へのアタッ

チメント部分と同じものがついたショルダーサポートにカメラをセットするだけです。これでショルダー型カメラと同様の動きができるようになります。

● **ショルダーサポート**

筆者愛用のショルダーサポートで、1万円程度で入手可能です。簡単な取りつけで、手持ちのビデオカメラがショルダー型になります。

メーカー	OPTEKA
品名	CXS-1
実勢価格	14,350円（税抜）

あえて手ブレで迫力を出す

　ここまで手ブレを防ぐための方法を書いてきましたが、あえて手ブレを生かして撮影する演出をお話しします。映像は安定しているにこしたことはないのですが、視聴者にインパクトを与えるため、あえて手ブレで画面を揺らしながら撮影する方法があります。ロックミュージシャンへのインタビューなどで、カメラが大胆に揺れている映像を見たことがないでしょうか。大きく画面を揺らしたりレンズを斜めにして、あえて均衡を崩したりと、非常識なカメラワークでアナーキーなイメージを醸し出させます。

　このとき**大事なことはビデオカメラを大胆に動かすこと**です。中途半端に小刻みに動かすと意図的ではなく単に手ブレを起こしている下手な映像だと思われてしまいます。「**えぐり込むように**」という表現がふさわしいのですが、グッと大胆に被写体に迫るようにカメラを動かすことで無秩序で迫力のある映像が撮れます。また被写体を追いかけるときも、あえて手ブレ感を出すことで現場のひっ迫感が伝わるようになります。

　今のように高度な編集機器がなかった映画やテレビの黎明期の映像も、大変参考になります。編集で処理できなかったので、撮影現場のカメラでこの迫力を出そうとしている苦労が垣間見られます。古いテレビ番組や映画もこんな目線で観ると、きっと現代でも参考になることがたくさん見つかると思います。

初心者　中級　上級

絶対法則 24 ハウツー動画の撮り方をマスターする

YouTubeを使う目的として、わからないことを調べる動画検索としてのニーズが高まっています。言葉でわかりにくいことも、動画なら一目瞭然。この便利さを知るとテキスト検索だけでは満足できなくなります。それだけにハウツー動画はたくさんの人に観てもらえる可能性を秘めています。ビジネスなら、あなたの技術や技量を伝える最高のツールになります。ここではこれからさらに活況づくであろうハウツー動画にフォーカスして、撮り方をお伝えいたします。

ビジネス	YouTuber
自分や自社の持っているノウハウを動画にしてYouTubeに公開していくことは、技術や技量に気づいていただく絶好のチャンスとなります。押しつけるのではなく、YouTubeがあなたに気づいてもらうキッカケとなるのです。	動画検索の普及とともに、「見て知る」という行動パターンがどんどん普及しています。人の困るところに検索があるので、お困りごとを解決してあげるハウツー動画は、視聴数を取れる最高のネタになります。

ハウツー動画を撮るときは音やテロップを大切に

「フローリングの床に傷が入ったときの直し方」「清楚なメイクの方法は？」「ゲーム機のバグの直し方」「ギターの弾き方」などなど、YouTube上にはハウツー動画が溢れていて、想像以上にたくさん視聴されています。**ハウツー動画では、キャラクターを伝えるよりも何よりも中身が大事なので、しっかりと内容を伝えられないといけません。**

そのために大切なのが「**音**」です。

内容が大切なわけですから、聞き取りにくいとそのまま不満になってしまいます。これを防ぐためにはマイクを使って撮影することです。もちろん静かなところでカメラの内蔵マイクで撮るのもありですが、もうワンランク上の動画をねらうなら、ピンマイクなど話しているところだけにフォーカスできるマイクを導入してみましょう。

マイクについては「 絶対法則17 機材の選び方❷音響機器編」でも触れているように、高価なものでなくてもその機能を十分に果たします。大切なのは聞き取りやすいかどうかなので、できれば撮った映像を撮影現場でチェックして、聞き取りやすく撮れているかをチェックするようにしましょう。

また、最近はサイレント（無音）での視聴も増えてきています。これに対応できるように「**テロップ**」を使って映像に説明を加えましょう。テロップを入れる

ことで、視聴者は映像のどの部分を見たらいいのかわかりやすくなるばかりか、情報を視覚的にとらえることができます。**サイレント動画ではもちろんですが、もちろん口頭で説明している動画にもテロップは効果的で、さらにわかりやすい動画になる**はずです。

　テロップを挿入するのが、最初は難しいと感じるかもしれませんが、パソコンの編集ソフト、スマートフォンの編集ソフトとも機能が充実してきており、慣れればパターンでつけていけるようになります。実践がそのまま練習にもなるので、テロップはどんどん使用してみるようにしましょう。

オンラインセミナーの撮り方

　ハウツーを伝える場として、代表的なものがセミナーや講演です。もちろん参加者が実際に会場へ足を運んで交流することも大切ですが、指定時間に会場に行かなくてはいけないという制約が生まれます。これを払拭できるのが「**オンラインセミナー**」や「**ウエビナー**」といわれるネット上での動画配信によるセミナーです。この方式は、視聴者の見たいときに見たい場所から見ることができるオンデマンド型での配信で、時間的な制約のデメリットを消すことができます。

　また交流を意識する場合も、YouTubeはSNSですから、コメント欄でやり取りをしてもいいですし、Twitterでハッシュタグ（#）管理をすることで、掲示板的な交流運用も可能になります。

　オンラインセミナーは、撮り方もシンプルです。

　話者の対面にカメラを三脚で固定します。カメラ1台での撮影だったらこれで十分です。構図はホワイトボードなどを使う場合は、ホワイトボードも含めて話者が左右どちらかに入るようにします。ボードを使わずに講演のような形式にするのであれば、話者への寄り（アップ）を強くします（三分割法を意識すると構図もつくりやすくなります）。

　次に音ですが、聞き取りやすくしなくてはいけないので、できればカメラの内蔵マイクではなく、ピンマイクや演台など、話者に近いところにマイクを置いて撮影しましょう。この撮り方のいいところは、話者の足先まで写さず、上半身だけが固定カメラの枠に入っているということです。そのため、床にコードを這わせても映らないので、ピンマイクなども延長ケーブルを使って床を這わせれば、カメラと話者の距離は一定に保ちながら、ピンマイクなど話者に近いところにあるマイクの音をカメラに取り込むことができます。

● バストアップで撮影すれば足元にコードを這わせても大丈夫

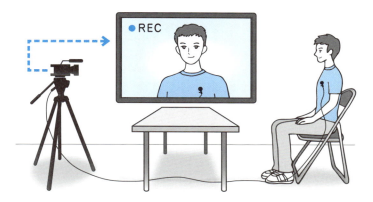

パソコン画面を撮りながら説明する

　ハウツー動画を撮る際に、パワーポイントの資料を使ったり、実際のパソコン画面を使ってソフトの使い方などを説明するとわかりやすくなりますが、ビデオカメラでパソコン画面を撮ってしまうと、走破線が出たり違う色の映像になったりとなかなか上手くいきません。**パソコン画面を動画で使用するときは、画面を撮るのではなく、パソコン画面自体、つまり画面をデータとして取り込むのが1番**です。

　画面をデータとして取り込むには次の方法があります。

1 Windows、Mac、スマートフォン、タブレット

　どのデバイスでもほぼ対応できるのが、外づけの録画機材を準備して画面を録画する方法です。Windows、Mac、スマートフォンやタブレットでも、HDMIで出力すれば、それを受ける録画用の機械があります。これを使えば、ゲーム実況動画も簡単に収録できます。方法は簡単で、**パソコンやタブレットと録画機器をHDMIケーブルでつないで、出力された信号を録画します**。この際、本当に収録されているかは録画機器から収録画像をアウトプットすることができる場合が多いので、そちらで確認するといいでしょう。この録画機器さえ用意すれば、簡単に画面を収録することができます。

2 Mac、iPhone、iPad

　Apple社のデバイスには、端末の画面をキャプチャする機能が備わっていて、外部機器を使わなくても簡単に収録できるので便利です。Macには、**QuickTim** ePlayerというソフトが標準でインストールされており、こちらに「**画面収録**」**機能があります**。これを使えばパソコン画面はもちろん、パソコンとケーブル接続したiPhoneやiPadの画面も録画することができます。

● HDMI キャプチャー

メーカー	IO DATA
品名	GV-HDREC
実勢価格	16,500円（税抜）

● QuickTimePlayerでの画面キャプチャ方法

手順1 QuickTimePlayerを起動したら「ファイル」から「新規画面収録」をクリックする。

クリック

手順2 録画ボタンを押すと画面収録がスタートする。

iPhoneとiPadではiOS11以降で新たに画面キャプチャ（録画機能）が標準装備となったので、Macがなくても、画面を収録することができるようになりました。

iPhone、iPadのドックから二重丸◉のボタンをタップするとカウントがはじまり、画面収録がスタートします。この方法なら簡単に画面収録ができます。

● iPhoneやiPadでの画面キャプチャ方法

手順1 iPhoneのドック画面を開き、左下の◉ボタンをタップする。3カウントがはじまり、その後画面収録がはじまる

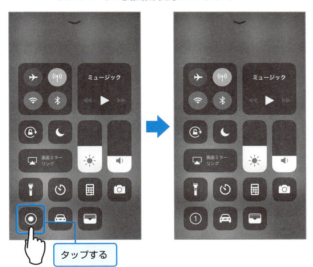

画面収録中はボタンが赤く点滅する。録画をストップするときはこのボタンを押す

タップする

手順2 収録された動画は「写真」に保存される。

後ほど編集のところでお話ししますが、ハウツーの説明に画面での説明を加える2本の動画を1本にする編集方法を使えば、とてもわかりやすいハウツー動画になります。ぜひ試してください。

初心者　中級　上級

絶対法則 25 スライドショーのつくり方をマスターする

動画というと動いているものを撮るという感覚になりますが、静止画を切り替えていくスライドショーも立派な動画です。ビデオカメラで収録するのが難しいと感じたり、いい写真があるけどどう使おうか悩んでいるときは、写真をスライドショーにすれば、YouTubeにアップできる立派な動画ができあがります。

ビジネス	YouTuber
宣材用の素敵な写真やホームページなどで使用している写真を使って、映像では表現が難しかったお洒落な動画を簡単につくることができます。	スライドショーでもしっかりとしたストーリーを組み込むと、紙芝居のように、伝わりやすく起承転結をつけた面白いストーリーで表現できるようになります。

写真だけでも伝わる動画はつくれる

「動画」というと、どうしても動いている被写体を撮るように感じてしまいますが、**動画は「画が動くモノ」なので被写体が動く必要はなく、画が動けば動画になります**。画が動くといえば紙芝居を思い出します。紙芝居は人がタイミングよく画を動かすことによって、ストーリー性を持たせています。このしくみを応用すれば、写真などの静止画だけでも素敵な動画がつくれます。

このように、**静止画をつなげて動画にしたものをスライドショー**といいます。スライドショーはその手軽さとストーリーのつくりやすさから、パソコン用スマートフォン用の編集ソフトとしてもたくさんのアプリがあります。またiMovieをはじめ、いくつかの編集ソフトでは複数のスライドショーのパターンが最初から入っていて、これらを使えば簡単にスライドショーの動画をつくることができます。ただし、これら編集ソフトに最初から入っているスライドショーのテンプレートは、主に結婚式用や子どもの成長など、個人での使用を念頭においてストーリーのパターンが組み込まれているので、ビジネスにせよYouTuberにせよ、自分の動画の目的にあわないパターンのものが多いと思います。せっかく素敵なコンテンツがあるのに、パターンにあわせて個性を消してしまうのはもったいないと思いませんか。できるかぎりテンプレートは使わず、**自分で編集ソフトの編集機能を使ってスライドショーを作成することをお勧めします**。このオリジナリティが、枠にとらわれない発想で一歩抜きん出たスライドショーとなるのです。

写真なら机の上に並べてストーリーを考える

　視聴者に伝えるためには、自分でストーリーを考えるのが1番です。ストーリーを考える際は、 絶対法則14 を参考にしながら写真などの素材を切り替えることでストーリーを整理していくとつくりやすいでしょう。

　静止画の場合は、プリントアウトした写真があれば実際に写真を机の上に並べながらストーリーを考えていくと整理しやすいです。写真がjpgなどの画像データなら画像閲覧ソフトで保存されている写真を眺めながら選んでもいいですし、「写真コンテ」にしてみるのもいいでしょう。

　こうした整理をしたあとで画像を編集ソフトに読み込めば、タイムライン上でスライドショーとして編集できる素材になります。**慣れてくるとどんどんスライドショー動画をつくってYouTubeにアップできるようになるので、YouTubeのコンテンツ数を増やす手段としても活用してみましょう。**

スマホの動画編集ソフトはスライドショー機能が充実している

　スマートフォン（タブレットを含みます）では、カメラ機能とスライドショー動画の相性がいいので、iPhoneだと**iMovie**、Androidだと**Viva Video**など、たくさんのスライドショー作成アプリやスライドショー作成機能のついた動画編集アプリが公開されています。

　いずれも編集機能の大枠は同じなので、直感的な操作で簡単にスライドショーがつくれますが、テロップの入れやすさ、吹き出しやスタンプの有無、簡単な特殊効果など、アプリそれぞれに特長があります。

　撮ってすぐ編集してYouTubeにアップという、短時間でのコンテンツ公開が可能になるので、**イベント中にイベントの状況を動画で案内するなど、タイムリーな動画発信ができるようになるメリットは大変魅力的**です。多くのアプリが無料で試用できるので、いろいろと試してみて自分のお気に入りアプリを見つけてみましょう。

　ここでは2つのアプリをご紹介します。

1 iOS（iPhone、iPad）

　Apple社のiOS公式の動画編集アプリは「**iMovie**」です。iMovieの魅力は動画制作の簡単さです。通常のムービー編集機能に加え、予告編という複数のテンプレートの中から気に入ったテンプレートを選んで、そのテンプレートにあわせ

て写真・動画、テロップの文言を打ち込んでいくと、動画が完成するしくみです。動画編集に不慣れな人でも、30分あれば素敵な動画をつくることができるようになります。Macパソコンにも同じ名前のiMovieがインストールされていますが、こちらから機能を削ぎ落としたものがiOSのiMovieになります（https://itunes.apple.com/jp/app/imovie/id377298193）。

2 Android「Viva Video Pro」

　Androidには公式アプリがないので、iOSよりたくさんの動画編集ソフトが配布されています。その中でも人気があって簡単に使えるアプリが「**Viva Video Pro**」です。

　iOS用にも発表されているということで、iPhoneやiPadにもインストールすることができます。「Viva Video Pro」が魅力的なのは、文字の吹き出しや編集効果などの部品や素材が豊富なこと、ダウンロード方式なので気に入った部品や素材を自分のスマホに取り込んで編集すると、パソコンでの編集かと思うくらいオリジナリティあふれる動画がつくれることです。

　BGM用音源もダウンロード方式で、たくさんの音源があるので、オリジナリティあふれる動画の制作には困りません。無料版でも使えますが、制限事項が多いので有料版をお勧めします。

● Viva Video Pro
https://play.google.com/store/apps/details?id=com.quvideo.xiaoying.pro&hl=ja

● スマートフォンiMovieの使い方【予告編】

手順1 iMovieのアイコンをタップする。　**手順2** 新しく動画を編集するときは「+」をタップする。

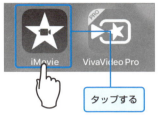
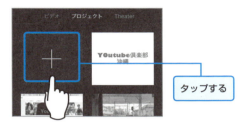

手順3 新規プロジェクトとして「ムービー」と「予告編」を選択できる。
　　　ムービー：映像をカットしたりつなげたりする通常の編集機能
　　　予告編：簡単にムービーがつくれるようにテンプレートにあてはめて動画をつくる機能
　　　ここでは「予告編」でお話しするので、「予告編」をタップします。

手順4 テンプレートが表示される。テンプレートはサムネイルを選択して、中央上部の再生ボタン（▶）をクリックするとサンプルを確認できる。
　　　スマートフォンのiMovieの予告編機能は音楽を変更できません。使用するテンプレートを選んだら、右上の「作成」をタップします。

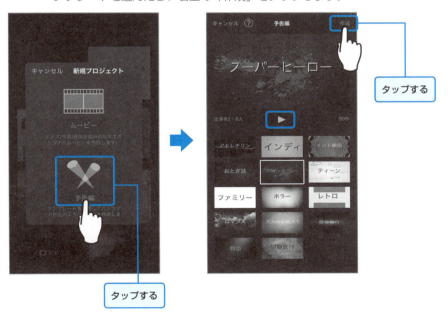

手順5 アウトラインが表示されるので、ムービータイトルやクレジット情報などを入力する。「絵コンテ」をタップすると台本が表示される。

手順6 写真の枠をタップするとiPhoneの写真にアクセスするので、使用したい写真を選択する。
　テロップ（文字）の部分をタップするとキーボードが表示されるので、文字を入力します。

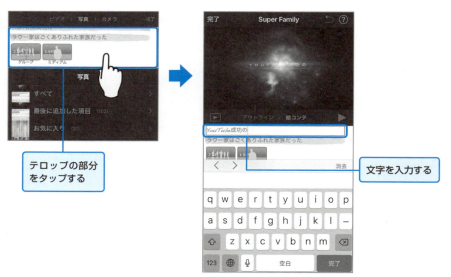

手順7 すべて入力したら左上の「完了」をタップする。
プロジェクト画面になるので、下部中央の書き出しボタンをタップします。

手順8 アップロードもしくは保存を選択するウィンドウが表示される。
ここではスマホに保存したいので「ビデオを保存」をタップします。
動画の書き出しサイズを選択します（HD-720p以上での書き出しをお勧めします）。

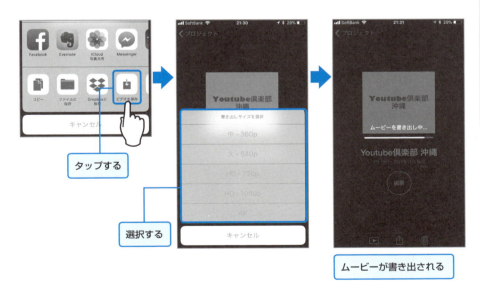

　「予告編」はストーリーの組み立てが簡単なので、初心者には特にお勧めです。慣れてきたら「ムービー」での編集にもチャレンジしてみましょう。

初心者　中級　上級

絶対法則 26 自分にあった動画編集ソフトの選び方

ここでは、動画編集ソフトによる編集にチャレンジします。動画の編集は、パソコンソフトかスマートフォンアプリで行います。無料のものからプロも使う高価なものまで、いろいろなソフトやアプリがあります。ここではパソコン（OS）に付属している基本の編集ソフトから中級向けソフトまで、使いやすいソフトを例にお話しします。

ビジネス	YouTuber
動画編集ソフトがあれば、自社内での動画の内製も可能になります。テロップの追加など気のきいた編集にも対応できるようになります。	制作コストをあまりかけられないときは、動画編集ソフトの機能と特徴を把握することで、迫力ある編集をして、ほかの動画と差別化することができます。

OSに付属の動画編集ソフトを使ってみる

「動画」の編集はスマートフォンやタブレットにもいいアプリがありますが、**高いクオリティで作成したいときは、パソコンでの編集がお勧め**です。

Windowsでは「ビデオエディター」が、MacではiMovieがパソコン（OS）に最初からインストールされているビデオ編集ソフトになります。

編集ソフトはわかりやすくいうと「作業指示書」です。何をどうしてどうするという作業指示をしているのです。このことがわかれば、どの編集ソフトでも操作がわかりやすくなります。ここではMacのiMovieで説明しますが、考え方がわかればWindowsの「ビデオエディター」もその他の編集ソフトも使い方がわかるようになります。

Mac iMovieの使い方（MacOSの場合）

手順1 iMovieを起動する。

手順2 プロジェクトの「新規作成」をクリックし、「ムービー」を選択する。

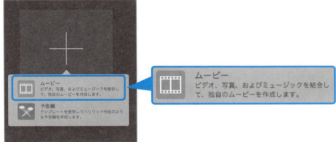

手順3 マイムービーというプロジェクトができあがり、このマイムービーの中で編集をしていく。

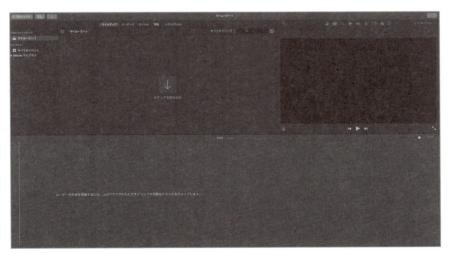

手順4 **編集する動画を読み込む。**
「読み込みボタン」をクリックして、編集したい動画を選びます。複数の動画を選ぶことが可能です。動画を選び、「選択した項目を読み込む」をクリックすると、動画が読み込まれます。

手順5 **編集するため、読み込んだ動画などの素材を下部のタイムラインに移動させる。**
移動は動画の全体を選んでドラッグ＆ドロップで移動できます。

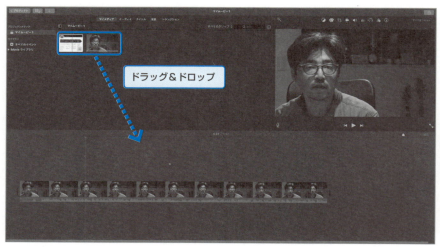

手順6 動画を分割する場合は、分割したい場所で右クリックをして、「クリップを分割」で動画が分割される。

削除したい場合は両端で分割して、delete キーで削除します。分割された動画の端にカーソルを添えても調整が可能です。

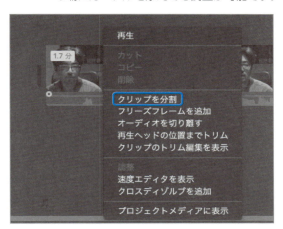

手順7 動画と動画の間のトランジション（切替効果）を入れる。

上部バナーの「トランジション」をクリックして、効果を選びます。選んだ効果を選択して、効果を入れたい場所にドラッグ＆ドロップします。

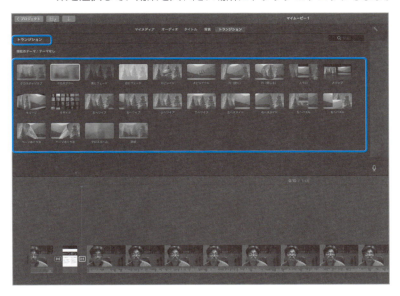

手順8 音楽を入れる。

上部バナーから「オーディオ」をクリックすると「iTunes」「サウンドエフェクト」「GarageBand」が表示されます。iTunesの曲を使うこともできますし、サウンドエフェクトからも選ぶことが可能です。またGarageBandでつくった自分オリジナルのBGMを入れることもできます。

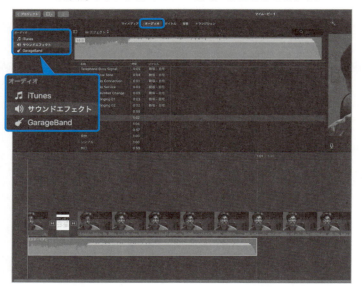

手順9 音声を調整する。

音声ラインにカーソルをあわせると音量を調節するスライダーが表示されるので、スライダーを上下にスライドさせて音量を調節します。

手順10 動画のタイトルは、上部バナーから「タイトル」をクリックする。

タイトルには最初から効果が備わっているので、好みのタイトルを選んで動画の先頭までドラッグ＆ドロップします。タイトルの書体や大きさは、右上編集で行います。エンディングも同様にしてつくることができます。

キャプションを入れる場合もタイトルを選びます。タイトルの中から選んでキャプションを入れたい動画クリップ上でドロップすると、映像の上に文字が現れます。書体や大きさも変更可能です。

手順11 動画の編集が終わったら、動画を書き出して保存する。

保存は右上部の「共有」をクリックするとソーシャルメディアなど書き出し先が表示されます。YouTubeにも直接アップ可能ですが、ここでは「ファイル」をクリックしてサイズなどを設定し保存します。

手順12 これでiMovieでの編集は終了。
iMovieだけでなく、すべての動画編集ソフトで最後に必ず「書き出し」の作業を行い動画にします。編集ソフトは動画をどこでカットするかなどの設計図になります。この設計図どおりに動画にする作業がデータ書き出しです。

有料ソフトを使う
（Windowsユーザー、Macユーザー）

　有料の動画編集ソフトもたくさん発売されています。無料ソフトとの大きな差は、読み込めたり書き出せる動画フォーマットの種類、エフェクトの種類、画像修正・音声修正の種類が豊富なことです。

　映像の色味を微調整したり複雑な書き出しデータ条件で作成しないのであれば、無料ソフトでも十分ですが、動画編集に慣れてくるとクオリティにも欲が出てきます。そうなったら有料のソフトを検討してみましょう。

　有料の動画編集ソフトを検討するときに考えなくてはいけないのが、対応のOSです。

　Macユーザーなら有料動画編集ソフトにもApple社の「**Final Cut Pro**」があります。このソフトはApp Storeでダウンロード販売していて、有料ソフトの中では比較的安価で購入できるのと、iMovieとの互換性も高いことから人気がありますが、Windowsでは使用することができません。

　反対にSony Creative Softwareの「**Vegas Movie Studio**」はプロからアマチュアまでグレードを問わず人気がある編集ソフトですが、Macで使用することはできません。

　そのほかにもグラスバレー社の「**Edius**」やサイバーリンク社の「**PowerDirector**」など多くの人気編集ソフトがWindowsのみの対応だったりします。このように動画編集ソフトはOS互換が弱いことが特徴なので、気をつけなくてはいけません。

　OSの互換性がいい動画編集ソフトだと、Windows版もMac版もあるAdobe社の「**Premiere**」シリーズがあります。「Premiere」シリーズの「**Premiere Elements**」はプロも使用する「**Premiere Pro**」から、一般使用に使う機能をうまく抽出してくれているので、簡単ながらプロのような動画がつくれるのでお勧めです。「Pewmiere Elements」は毎年「2022」など年の新しいタイトルがついたヴァージョンが発売されますので購入を決めたタイミングで一番新しいタイトルを購入するようにしましょう。

Premiere Elementsの使い方
(Premiere Elements 2020の場合)

手順1 Premiere Elementsを起動する。

手順2 「ビデオの編集」をクリックする。

手順3 編集する動画を読み込む。
「メディアを追加」から、編集したい素材を選んで読み込みます。

手順4 素材が読み込まれると、そのままタイムラインに組み込まれる。

Premiere Elementsには、簡単な編集をする「クイック」と素材をオーバレイ（被せる）など高度な編集ができる「エキスパート」の２つの表示方法があり選択できます。

クイック

エキスパート

手順5 動画を分割する場合は、分割したい場所で表示されるハサミボタンをクリックすると、動画が分割される。

分割した動画を削除したい場合は削除したい動画を選択して右クリックすると「削除」もしくは「削除して間隔を詰める」で削除できます。

 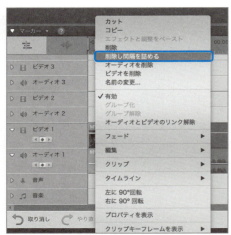

手順6 動画の編集が終わったら、動画を書き出して保存する。

保存は右上部の「書き出しと共有」をクリックすると書き出し設定の窓がポップアップします。

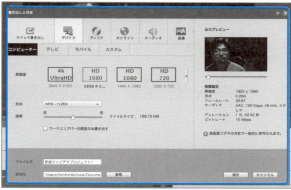

● **Adobe Premier Elements**
http://www.adobe.com/jp/products/premiere-elements.html

ここでは2つの動画編集ソフトをピックアップしましたが、動画編集ソフトはどのソフトも使用方法の考え方は同じで、ボタンや名称が違うだけです。

無料で試用できるソフトも多いので、自分にあったソフトを選んでチャレンジしてみてください。

| 初心者 | 中級 | **上級** |

絶対法則 27

編集で映像をデザインする ❶
カットパターン編

私たちは動画を見ながら、その映像の状況や情報から話の展開を無意識に想像しています。このことを利用すれば、伝えたいキーワードの前にそれを想起する映像を意図的に挿入することで、視聴者が展開を受け入れやすくなり、より伝わる動画にすることができます。

ビジネス	YouTuber
製造風景などを動画にするときは、次の製造過程への布石となるような映像をうまく盛り込むことで、製造の中でどのように製品が形成されていくかを言葉で説明することなくイメージで伝えることができます。	アクティビティ系の動画であれば、失敗を想起する映像をアクティビティの前に挿入することで、視聴者にストーリーを意識づけさせ、成功したときの感動が高まるなど、視聴者の感情を揺さぶる演出ができるようになります。

「クレショフ効果（モンタージュ効果）」を理解する

　私たちは、ストーリーで映像を判断しようとします。自然とそのシーンの前からの流れや雰囲気を情報としてインプットすることで、判断材料にしているということです。この習性を利用すれば、同じシーンでも編集のしかたで視聴者に与えたいイメージに誘導することができます。

　テレビの芸能人のインタビューシーンを見ていると、ほとんどが編集されたものになっています。**同じ発言でも編集で好意的にも悪意的にもイメージを誘導することができる**のです。

　この人間の特性を証明したのが、ロシアの映画監督レフ・ウラジミロヴィチ・クレショフです。クレショフは1922年にある実験をしました。実験内容は、無表情な男優の映像のシーンの前に「スープ皿」「棺の中の遺体」「ソファーに横たわる少女」の3つの映像を挿入した3パターンの動画をつくり、視聴者がその映像を見て、男優が何を思っていると感じるのかを調べるものでした。結果、視聴者は「スープ皿」を挿入した動画では男優の「空腹感」を、「棺の中の遺体」を挿入した動画では男優の「悲しみ」を、「ソファーに横たわる少女」を挿入した動画では男優の「欲望」を感じ取りました。もちろん無表情の男優の映像は3本ともまったく同じものを使用しています。

　このように動画は、ストーリーで流れをつくることで視聴者の受け取り方を変えることができます。この効果を監督の名前から「**クレショフ効果**」といったり、挿入で効果をつくるので「**モンタージュ効果**」といったりします。

この効果を応用すれば、**意図をしっかりと伝えたいシーンの前に誘導するためのカットを挿入することで、多くの視聴者のイメージを自分の思うように誘導できる**ようになります。

　もし動画が淡白になっているなと感じたら、クレショフ効果を思い出してください。少しの編集でメッセージをしっかり伝える動画に変わります。

● **クレショフ効果**

「スープ皿」の映像のあとに「男優」の映像を見ると、視聴者は「空腹感」を感じる

「棺の中の遺体」の映像のあとに「男優」の映像を見ると、視聴者は「悲しみ」を感じる

「ソファーに横たわる少女」の映像のあとに「男優」の映像を見ると、視聴者は「欲望」を感じる

カットパターンで、プロの編集に近づく

　ここまで説明してきたように、映像には相手に伝えるために最適な型があり、これらを組みあわせていくことで伝わる動画にすることができます。

　この画の型をカットパターンといいます。**カットパターンの違いが視聴者に与える「イメージのパターン」を把握しておけば、感覚だけで撮っている映像とは格段の差がつき、プロに近づけます。**そのためには、編集できるように**カットパターンにあった映像を撮っておかなくてはいけません。**伝わる動画のためには、このカットパターン用の画を意識して、台本、構成、撮影していくことが大切です。

　では、主なカットパターンを見ていきましょう。

肩越しショット

会話シーンに効果的なカットパターンです。画面手前に背中を向けた人物を置いて、肩越しにカメラの方を向いている人物を配置します。この構図で**視聴者が画面の中の相手と会話をしているようなイメージ**になります。

● 肩越しショットの例

カットアウェイ

映像をまったく違う構図のものに入れ替える方法です。クレショフ効果を出したいときに効果的で、イメージを想起する象徴的な画を入れます。

たとえば、高校の校舎の屋上から遠くを見つめる女子高生の映像からはじまり、次に汗を飛ばして練習に励む野球部員の映像を入れます。どうですか、ほのかな恋愛感情が見えましたか？　ベタな感じですが、**クレショフ効果はベタなほうが多くの人とイメージが共有できるので、あまり奇をてらわないほうがいい**でしょう。アクティビティで盛りあげるなら、あえて予想できる失敗シーンを挿入したあとで成功させるシーンを盛り込むと、アクティビティの難易度が表現できて動画にアクセントがつきます。

● カットアウェイの例

リアクションカット

　セリフや行動にあわせて映像を切り替える方法です。2人でキャッチボールをする映像を撮るときに、ボールを受ける側にあわせて画を切り替えます。**視聴者に対象物を見失わさせない効果があるので、サイレント（無音）での視聴を意識した動画をつくるときには、リアクションカットを盛り込んだほうがいい**でしょう。また行動にあわせて映像を切り替えるので、1人2役なんていう演出もできてしまいます。

● リアクションカットの例

インサートカット

　カットアウェイと似ていますが、カットアウェイがまったく違うカットを挿入するのに対して、**インサートカットは同じ被写体の一部分にフォーカスするなど、切り替え前の映像と関連ある映像に切り替えます。**たとえば商品の製造現場の動画をつくるときに、職人さんの全身の映像から手元の作業をアップにした映像に切り替えるものがインサートカットです。アピールしたい部分にフォーカスするときにうまく使うと効果的です。

● インサートカットの例

視覚カット（POVショット）

　登場人物と同じ動きを映像で体感させることで、視聴者が疑似体験できる動画にします。**登場人物が窓から外を覗き込むのにあわせて、窓から外を覗き込むように撮った映像に切り替えたりします。**

　たとえば、バイクにまたがってエンジンをかけて動き出すまではバイクと人物を普通に撮影して、バイクが動き出したところでウエラブルカメラの映像に切り替えると、迫力だけでなく臨場感のある動画がつくれます。

● 視覚カットの例

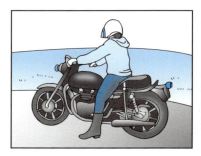

　ほかにもいろいろな編集方法がありますが、まずはこれらの5つの編集方法を意識してみましょう。伝わる動画ができあがるはずです。

初心者　中級　上級

絶対法則 28

編集で映像をデザインする ❷
テロップ編

映像に文字を重ねて表示するものをテロップといいます。もともとテロップという言葉は商標だったのですが、今は一般的に映像に文字を重ねることをテロップというので、ここでもテロップというようにします。さまざまなシーンで使われるテロップですが、使い方を間違えるとかえって見にくい動画になってしまいます。テロップの種類と効果的な表示法をマスターしましょう。

ビジネス	YouTuber
テロップを使うことで、映像に強弱をつけたり補完の説明ができるので、製品のみの無機質な映像に迫力をつけたり、口頭での説明に対する補完情報をテロップで埋めあわせることができます。	テロップによる文字情報で、視聴者にネタをより迫力をつけて伝えることができます。またテレビのように、会話にあわせたテロップを表示することで、テレビ番組のようなクオリティを視聴者にアピールできます。

マウステロップ

　話者のしゃべる言葉にあわせて、同じことをテロップでも書き出します。こうすることで視聴者は耳だけでなく目でも情報をつかむことができるようになり、伝わりやすい動画になります。

　このテロップ挿入方法を、口の動きにあわせて表示するので「**マウステロップ**」と呼んでいます。このテロップの強みは何といっても伝わりのよさです。色をつけたりフォントのサイズを大きくしたり小さくしたりすることで、目立つようにテロップを挿入することもできるので、伝えたいことを端的に伝えることができる動画になります。反面くどいほど情報が伝えられるので、動画が軽い感じになることもあります。

　そのためアカデミックな動画をつくるときにはお勧めしませんが、**商品の売り文句を強力にアピールしたり、オモシロ動画に野次的に挿入することで、動画に臨場感を出す**などには最適です。

　言葉にあわせて文字を起こしていくのは大変な作業です

● マウステロップの例

2 伝わる動画のつくり方

155

が、YouTubeの自動字幕機能のように、**音声データを認識してテロップ用の字幕を作成してくれる**機能など作業を効率化してくれる方法もあるので、うまく使ってテロップを挿入してみましょう。

説明テロップ

間延びせず短い時間の動画にしないと端的には伝わりません。そのために使えるテロップが「**説明テロップ**」です。このテロップは、**出演者が話している内容を補完するように、言葉では伝えきれないバックボーンやさらに詳細な性能などについてテロップで情報を補完**するものです。

言葉ですべてを説明するのは難しいですし、そのことを知っている人にとっては聞かなくてもいい情報です。こんなときに説明テロップで対応します。

よく使われる説明テロップが出演者のプロフィール情報です。テレビのインタビュー映像を見ていると、画面の下を流れるようにプロフィールが表示されます。

プロフィールは出演者のバックボーンです。なぜこの人がその話をできるのか、それを伝えるためにテロップで情報を補完しているわけです。

このように話している内容とは違うけれど、伝えなくてはいけない情報があるときは説明テロップで対応します。

● 説明テロップの例

話している内容とは別のバックボーンや出演者のプロフィールなどをテロップで流すことで、情報を凝縮した短い動画にすることができます。

強調テロップ

強調テロップは**映像の中で伝えたいキーワードを目立たせるために、そのキーワードをドン！ と画面に表示**させます。淡白な映像でも、強調テロップを挿入することで迫力をつけることができます。コツは文字テロップにしないことです。

文字の表現には、パソコンに組み込まれたフォントによるもの（文字フォント）とオリジナルデザインで画像化したフォント（画像フォント）があります。

画像フォントは、Adobe社の「Illustrator」などの画像作成ソフトで作成できます。Illustratorで作成したフォントを画像としてビデオ編集ソフトに取り込ん

で、映像に被せていくと(「**オーバーレイ**」といいます)、文字フォントでは表現できない迫力が出ます。

商品の特長をあおるような動画やオモシロ動画のオチの部分などは、画像フォントを使うことで迫力が何倍にも増すので、積極的に画像フォントを使った強調テロップにチャレンジしてみましょう。

● 強調テロップの例

商品やサービスの特徴をあおったり、出演者の台詞や動画のオチをオリジナル文字で強調します。

テロップに挿入する文章は短くが基本

1 表示する文字数は10文字×2段まで

テロップを挿入するときに意識してほしいのが「**文章は短く**」です。

人間が動画から文字を認識できるのは1秒あたり4文字といわれており、映画もこのルールを基本に字幕がつけられています。また画面に**1度に表示する文字数は20文字、段数は2段まで**です。つまり10文字×2段が理想ということです。

2 文字を表示する時間は7秒以上

そうするとテロップの画面への表示時間は20文字(1度に画面に表示できる文字数)÷4文字(1秒間に読める文字数)で5秒程度とわかります。ただ実際には5秒では常に文字を追わなければならず、忙しい動画になってしまうので、**7秒から10秒を1回の表示の目安**にしましょう。

3 テロップのコツは、シーンを要約すること

YouTubeにアップされている動画を見ていると、このテロップの表示時間を感覚で設定しているためか、テロップが忙しく表示されたり、反対に間延びしたりしてしまいます。これでは動画を見てストレスを感じてしまいます。

1度の表示を20文字以内に収める作業は、動画の要約作業にもなるので時間がかかります。ただ何度もやっていると要約のコツがつかめてきて、作業時間がどんどん短くなるので、**動画にテロップを挿入するときは、常にシーンを要約することを意識して取り組んでみましょう**。

初心者　中級　上級

絶対法則 29
編集で映像をデザインする ❸
資料を動画にして組み込む編

セミナーや新製品発表会などのイベントを映像にするときは、会場でプロジェクターに映し出されている資料や受講者の手元にある資料を盛り込めれば視聴者にわかりやすい動画になります。画面の中に、講師もプロジェクター映像もホワイトボードなどの板書もみんな一緒に入れることもできますが、これでは焦点が定まらなくなってしまいます。こんなときは、編集で映像と資料を別々に画面の中に組み込むひと手間をかけることで見やすい動画になります。ここでは、資料を動画化する方法をお話しします。

ビジネス	YouTuber
Webでのセミナーをウェビナーといいますが、このウェビナーによる製品やサービス説明が増えています。会場に集めてセミナーをするよりも多くの人に効率よくリーチできます。映像と資料をうまく編集できれば、YouTube上でウェビナーが可能になります。	映像に資料を表示することで、料理のレシピを見せながら料理したりすることもできるので、テレビ番組のようにしっかりと情報を視聴者に伝える凝った動画がつくれるようになります。

PowerPointなどを画像化して組み込む

　セミナーや発表会などを動画にするときに悩むのが、会場で使用した資料の表現方法です。PowerPointやKeynoteといったプレゼン用ソフトを使って、会場のプロジェクターに資料を映し出しながら講義を進めていく内容だと、講師だけを撮影していると視聴者が情報を理解できなくなってしまいます。このようなときは、編集であとから資料を追加することを決めておくと、現場での撮影が楽になります。では、どのように撮影・編集すればいいのか、資料の画像化の方法も含めて、プロジェクターを使用する講師のセミナーを映像化するときの対応を、簡単にシミュレーションしてみましょう。

シミュレーション セミナーの撮影方法 ❶
PowerPointのデータを画像化して映像に組み込む編

※ ここでは音声については触れません。

1 カメラを設置する（2台）

　会場にビデオカメラを設置します。1台は講師を追うビデオカメラで可動（三

脚を使用）です。もう1台は講師とプロジェクターが画面の中に入る構図でカメラを固定しておきます。

2 セミナーを撮影する

可動のビデオカメラで講師を撮影します。固定のビデオカメラはあとで編集のときに資料を同期（タイミングをあわせる）するためと、講師が予想外の動きをして、可動のビデオカメラからフレームアウト（画面の外に消えてしまうこと）してしまったときの保険に使います。

3 資料を受け取る

講師から、使用した資料のPowerPointデータをもらいます。セキュリティの関係で資料をもらえない場合は、講師に次の「4 資料を画像化する」作業をお願いします。

4 資料を画像化する

編集時に資料を画像化します。**ビデオ編集ソフトでは、PowerPointやKeynoteのデータをそのまま読み込むことはできません。そのため資料を画像化（jpg、png）、もしくはPDF化してビデオ編集ソフトに読み込みます。**

● PowerPointデータの画像化の方法

手順1 「ファイル」から「エクスポート」を選択する。

手順2 「ファイルの種類の変更」から「JPEGファイル交換形式」を選択し、「名前を付けて保存」をクリックする。

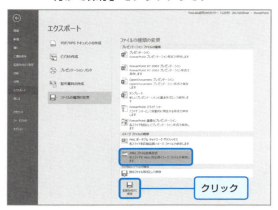

手順3 保存場所を選んで保存する。

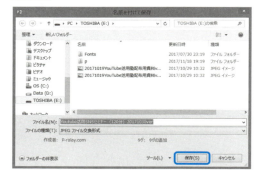

● Keynoteデータの画像化の方法

手順1 「ファイル」から「書き出す」→「イメージ」を選択する。

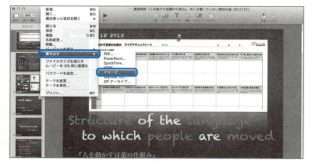

手順2 画像形式の保存形式（jpg）と保存場所を選んで、「書き出す」をクリックする。

手順3 各シートが画像データとして保存される（Keynoteの設定で1ページだけ画像化することも可能）。

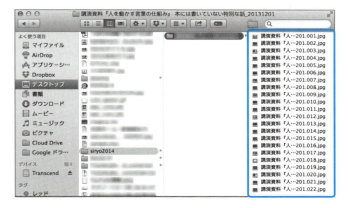

● iMovieでの編集のしかた

手順1 「読み込む」から画像の入っているフォルダを選択し、読み込む画像を選択したら、「選択した項目を読み込む」をクリックする。

手順2 画像も映像素材と同じようにタイムラインに設定できるようになる。

手順3 「トランジション」で「ピクチャ・イン・ピクチャ」を設定し、映像に資料の画像を被せる。これで映像に資料画像が組み込める。

映像を映像で重ねる（ピクチャ・イン・ピクチャ）

　資料を画像化して動画に組み込む方法では対応できないのが、資料にアニメーションがついていたり、講師がプロジェクターをポインターで指しながら説明するようなシーンです。このような場合は資料を画像化するのではなく、**プロジェクターを直接ビデオカメラで収録して、その映像を画像のときと同様、映像にピクチャ・イン・ピクチャで被せる**方法があります。

　では、どのように撮影・編集すればいいのか、プロジェクターを使用する講師のセミナー＋アニメーションつきのPowerPointのデータを映像化するときの対応を、簡単にシミュレーションしてみましょう。

シミュレーション セミナーの撮影方法 ❷
アニメーションつきのPowerPointのデータを映像に組み込む編

※ ここでは音声については触れません。

1 カメラを設置する（3台）

会場にビデオカメラを設置します。

1台は講師の動きを追うビデオカメラで可動（三脚を使用）にします。2台目は講師とプロジェクターが画面の中に入る構図で固定します。3台目はプロジェクターだけを画面の中に収め、これも固定にしておきます。

2 コマ数の同期（上級テクニック）

プロジェクターをビデオカメラで撮ると、会場で見ているときと違い、映像に色の線が走ったり、縞模様が入ったりと見にくい映像になってしまうことがあります。これはプロジェクターとビデオカメラのコマ数（1秒間を構成するコマ数）のズレが原因で発生する事象です。これを防ぐためには、プロジェクターを撮影するときに会場でプロジェクターの設定を変更します。設定方法はプロジェクターにもよりますが、考え方としては次のどちらかで対応します。

> ❶ インターレース方式で表示しているのであれば、60分の1秒に設定してカメラとコマ数をあわせる
> ❷ プログレッシブ方式で表示できるのであれば、プログレッシブ方式で表示する

各方式の細かい内容については割愛しますが、映像を映す方式に「**インターレース**」と「**プログレッシブ**」の2つがあること、インターレースであればカメラとコマ数をあわせることが必要なことを覚えておいてください。

3 セミナーを撮影する

可動のビデオカメラで講師を撮影します。講師とプロジェクター画面を撮影している固定のビデオカメラはあとで編集のときに資料を同期するためと、講師が予想外の動きをして可動のビデオカメラからフレームアウトしてしまったときの保険に使います。プロジェクターを撮影しているビデオカメラは、映像に資料として取り込むために使います。

4 編集ソフトで画像の読み込み（iMovieを使用した場合）

ビデオ編集ソフトに画像を読み込んで実際に編集してみます。

資料が画像の場合も映像の場合も、編集方法は同じですので、前頁「iMovieでの編集のしかた」を参考にしてください。

初心者 中級 上級

絶対法則 **30**

編集で映像をデザインする ❹
はじまりと終わりをつくる編

動画ではオープニングとエンディングがとても大切です。特にYouTubeはインターネット上での視聴なので、視聴者が動画のオープニングを見た段階で「この動画は見たいものと違う」と思ってしまったら、すぐにほかの動画にいってしまいます。また視聴者に次のアクションを促したり、何かを心に残すためにエンディングも重要です。何となく動画を見た人が引きつけられて、行動を起こせば成功です。ここでは「はじまり」と「終わり」を考えます。

ビジネス	YouTuber
オープニングとエンディングをしっかりつくり込むことで、会社、製品のイメージブランディングができます。またエンディングを上手く構成すれば、問いあわせの導線にもつながります。	オープニングとエンディングにいつも同じものを使うと、アップする動画に関連性が生まれ、あなたの動画のブランディングができあがります。また動画エンディングでのYouTubeチャンネル登録への誘導はとても効果的です。

❘オープニングで引きつける

　オープニングは、動画のイメージを視聴者に決定づける大切な役割を担います。
　映画でもミュージックビデオでもYouTubeでも、オープニングには趣向をこらした作品が多く見られるのはそのためです。ただ気をつけなくてはいけないのは、映画やミュージックビデオとYouTube動画ではオープニングのスタンスが違うということです。
　映画やミュージックビデオが動画の世界に視聴者を引き込むために余韻を長く取るなど、視聴者にこれからはじまるストーリーのイメージを期待させる構成が多いのに対して、**YouTubeのオープニングはほかの動画に切り替えさせないために、勢いをつけさせるものが求められます**。
　YouTubeは、Webサービスの特性で簡単に次の動画に移ることができるため、**「余韻」は、簡単に答えの見つからないものと判定されてしまい、ほかの動画への移行を促してしまいます**。
　これを防止するためにも、YouTubeでは端的に本編の動画への流れに勢いをつけるものとしてオープニングをとらえる必要があります。ということはオープニングは短いほうがいいので、特に**最初の15秒は視聴者を飽きさせない**ことを考えるようにします。

オープニングは次の2つのパターンを基本に考えれば構成しやすくなります。

1 タイトルコール タイトルと挨拶の台詞を定番化する

前述のように、YouTubeでは見た瞬間に視聴者と情報の共有ができることが**大切**です。そのためには、**動画の最初の台詞は、タイトルや内容を端的に表現した台詞**にしましょう。これを「**タイトルコール**」といい、テレビでも多用されています。たとえば、「お風呂で、美肌効果抜群のアロマオイルの使い方です！」とか「寝坊した朝をごまかせる10分でできるお弁当レシピです！」といったように、**視聴者が求めている内容を端的かつしっかり**伝えます。

このタイトルコールで、視聴者を強制的に動画の世界に引き込むわけです。タイトルコールは、動画の途中で「区切り」としても使えるので、コンテンツが切り替わるときも効果的に使えます。

2 オープニング映像 決めた映像をつくっておく

もうひとつは、どんな動画にも使える、**決まったオープニング映像をつくっておく**ことです。個別のコンテンツに対してではなく、**テレビのアニメやドラマのように、すべての動画に共通で使用するオープニング映像をつくります**。メリットは、アップした動画に統一したイメージを持たせることができることです。

ずっと使うものですから、制作時間もお金もかけて、満足のいくオープニングムービーにしましょう。**しっかりとしたオープニング映像を統一して使うことで、ブランディングにもつながります**。最初からオープニング映像をつくるのは難しいかもしれませんが、動画の本数が増えてきたら、動画に統一感を持たせるためにつくってみるのもお勧めです。

音楽でイメージを操作する

オープニングやエンディングを引きたたせるのは、映像だけではありません。音楽も映像と同じように、視聴者のイメージを喚起させるのに大切な役割を発揮します。オープニングやエンディングには、できるだけ象徴的な音楽をつけるようにしましょう。

人間は一般的なもの、つまり「定番」に弱いといわれているので、**オープニングにふさわしいテンポのいい曲を聴くと、「動画がはじまる！」と認識して体が自然に準備をします。また静かな音や余韻を持たせるようなポップな音楽を聴くと「動画が終わる」ことを意識します**。このように音がもたらす雰囲気に視聴者の感情は左右されます。ここでNGなのは、**自分の好きな音楽を使ってしまうこ**

とです。

　もちろん、その音楽の醸し出す雰囲気が多くの人に共感をもたらすものであれば大丈夫ですが、自分の趣味に走りすぎて視聴者を忘れてしまったのでは、せっかくの動画も台無しになってしまいます。あくまでも、**多くの人が共感を感じる、動画にふさわしい音を選びましょう。**

　また、ピッタリくるからといってヒット曲や他人がつくった曲を勝手に使うことは当然NGです。動画にふさわしい音楽をコーディネートしましょう。

　動画で使う音楽の用語の中で、ここでは2つの言葉を覚えてください。

1 ループ

　文字どおり「**繰り返し**」です。ループとしての使い方はこの次の 絶対法則31 で詳しくお話しします。

2 ジングル

　「**ジングル**」はループに比べて短い音を指します。ラジオでコンテンツの区切りに「ピロリロリン」と音楽が鳴ることがあると思います。これがジングルです。

　ジングルは、ラジオ番組のようにコンテンツを区切る目的でも使えますが、「**サウンドロゴ**」としてのカッコイイ使い方があります。製品につけられたメーカーやブランドのマークがロゴです。ナイキなどスポーツメーカーはロゴのブランド戦略が盛んなので、ロゴを見ればメーカー名がわかるほど浸透しています。これらは目に見えるロゴですが、**音のロゴをサウンドロゴといいます。**いくつかサウンドロゴをテレビコマーシャルに使っているメーカーを挙げてみます。頭の中で短い音が鳴れば、サウンドロゴが浸透している証拠です。

⚠ サウンドロゴの例

　任天堂、三菱UFJ銀行、小林製薬、ソニー、マクドナルド……。このように音もロゴになります。私たちも同じようにオープニングやエンディングで決まった音を使うようにすれば、サウンドロゴの働きをしてブランディングになるので、自分を象徴する「サウンドロゴ」を用意してみましょう。

エンディングで次のアクションにつなげる

　つくり手である私たちも思わず「終わった！」とホッとしてしまいますが、エンディングはオープニングと同じく動画では大切な役割を担うので、しっかりとつくり込まなければいけません。特に**エンディングは次のアクションへの導線に**

なるので、はっきりとその行動を入れましょう。商品をより詳しく案内しているWebサイトへ誘導したいのであれば、はっきりと「詳しくはWebで！」と言葉で伝えるのも方法ですし、自分のYouTubeチャンネルの登録を促したいのであれば「気に入ったらチャンネルを登録してね！」と言ってみましょう。

　多くのYouTuberが、動画のエンディングは「チャンネル登録してね！」と言っています。海外でも「Subscribe!」とアピールしています。YouTubeチャンネルの登録以外にも最後に念押しで、動画で1番伝えたかったことを話してもいいでしょう。人は直近のことを1番覚えているので、動画でもエンディングは覚えてもらいやすい部分です。その覚えてもらいやすい部分に1番伝えたいことや次のアクションを誘導することを盛り込めば、その効果は高いものとなります。

　エンディングは感動をつくろうとしてしまいがちですが、伝える動画ではエンディングこそ伝わる部分なので、最後までしっかり伝える動画になるように心がけましょう。

YouTubeの終了画面機能を意識したエンディング画面のつくり方

　YouTubeにアップした動画には、クリックするとYouTubeチャンネルや指定の動画などにジャンプするバナーを被せることができる機能があります。

　これを「**終了画面機能**」といいます。終了画面機能の設定方法については後ほど 絶対法則48 で詳しくお話ししますが、この機能を活用すると、動画を視聴したあと、直感的に画面上で見たい動画やYouTubeチャンネルのバナーをクリックさせることで、視聴者を自分の動画から逃がさないようにすることができます。

　YouTuberは、この機能を活用して自分のYouTubeチャンネルの登録者を増やしています。ただ終了画面機能のバナーは動画に被さるように表示されるので、動画をつくる際から、この終了画面機能のバナー表示を意識して動画にスペースを空けたり、エンディングの時間設定（終了画面機能のバナーは最低でも5秒間表示される）をすることが見やすい動画のために必要なことになります。

● エンディング画面の例

初心者　中級　上級

絶対法則 31　編集で映像をデザインする ❺
音で映像をデザインする編

私たちの周りにはさまざまな音が溢れていますが、会話など意識して聞いている音以外の音は、意識することなく生活しています。そのため無音の場所に行くと、普段とは違う環境になることで緊張してしまうことがあります。動画も同じで、無音だと変な緊張感を与えてしまうため、適度に背景に音楽を流したり、少し雑踏の音を拾うようにしたり工夫して、音のバランスをつくっていくことが大切です。ここでは音が動画に与える影響を考えながら、音で動画のイメージを強める方法を考えます。

※ YouTube でも背景音をつけることができます。その方法は 絶対法則47 でお話しします。

ビジネス	YouTuber
商品やサービスのイメージにあった音楽を使うと、視覚に加え聴覚にも訴えることができ、視聴者に与えるイメージを操作してのブランディングができます。	音楽、特にテンポの変化を工夫することで、視聴者に緊張感や高揚感を与えることができるので、アクティビティなどへの盛りあがりや動画で伝えたいことへの演出をサポートすることができます。

■ 音やテンポでイメージを誘導する

　動画では、音を二の次に考えてしまいがちですが、これはとてももったいないことです。私たちは、**音楽でイメージを誘導されることに子どものときから慣れてきています**。乳幼児を落ちつかせるオルゴール、運動会を盛り上げるマーチなど、私たちの周りには、いつもその場にふさわしい音楽が流れています。ですから、私たちは自然に音楽にイメージをあわせにいく感覚を持っているのです。動画の中での音楽は、私たちのこういった機能を最大限に使って、動画を伝わるものにすることが目的です。

　では、音楽はどのように選べばいいのでしょうか。感覚も大切ですが、次の点を意識して選んでみると理由を持って選びやすくなります。

■ 音楽選びのポイント

1 ジャンルで絞り込む

　音楽はカテゴリーに分けられています。「ロック」「ブルース」「クラシック」「ポップス」「ストリングス」「ワールド」など……。明確な区分はありませんが、映像用音楽集などでも、ほとんどがこのように分類されています。**動画のイメージに**

あわせておおよそこの分類を意識して選んでみると、イメージに近い音源に近づくことができます。

2 テンポで絞り込む

テンポは拍（1拍、2拍）を1分間にどれくらいの速さで打つかを数値化したもので、BPM（Beats Per Minute）で表され、たとえば60BPMであれば1分間に4分音符が60回打たれるスピードになります。音楽に慣れ親しんでいないとピンとこないと思いますが、テンポの使い方は、心臓の鼓動に比例すると考えるとわかりやすくなります。**盛りあがったり緊張感があるときはテンポの速い音楽を、反対にやさしさや癒しを表現したいときはゆっくりとしたテンポの音楽を使う**ことで、視聴者に体で感じるイメージを与えることができます。

また、テンポの変化を操作することで、さらにうまくイメージを操作できるようになります。たとえば、平穏な状況から徐々に盛りあげていくときは、テンポが徐々に速くなっていく音楽を使います。反対に盛りあがったところから一気にクールダウンしたいときは、一気にゆったりテンポの落ち着いた音楽に切り替えます。

映像用音楽集のCDやWebサイトには、たくさんの音楽があって、どう絞り込んでいいのかわからなくなります。こんなとき、**ジャンルとテンポのことを知っていれば、おおよそ目処をつけて検索できる**ようになります。また映像制作を外注しているときも、ジャンルやテンポのイメージを制作者に伝えることで意思疎通ができるようになります。

背景音の大きさに注意する

音楽を実際に編集してみて気がつくのが、音の大きさのバランスです。編集ソフトのオーディオのタイムラインに、音のデータを乗せると原音の大きさのままになってしまいます。音には主役と脇役があります。**話している声が主役で背景音は脇役**です。脇役の音が大きいと、脇役が目立った動画になってしまい、とても見にくい動画になってしまいます。動画ソフトには各音源ごとにタイムラインの音の大きさを調整するライン調整と、すべてのラインの音をミックスした音の大きさを調整するマスター機能とがあります。まずはラインごとの音の大きさを調整して、聞きやすい動画をつくるようにしましょう。

調整なので決まったカタチはありませんが、**主役となるメイン音のインジケーターを見て1番強いところで－6db（デシベル）になるようにして、その音を基準に背景音などほかの音のボリュームを調整する**といいでしょう。

大切なことは、編集ソフトだけで判断せず、動画データとして書き出したあとに必ず音をチェックすること。編集ソフトではぴったりの調整だと思っても、書き出してみると背景音が強すぎたなんてこともよくあります。

さらには、YouTubeにアップしたらまた音のイメージが違ったなんてこともあるので、**必ず音のチェックは完成物でもする**ようにしましょう。

● **編集ソフトで音の調整をする（Adobe Premiere Pro CC）**
※ ここでは細かい音の設定ができるPremiereProCCでお話しします。

手順1 音の調整をするために「オーディオトラックミキサー」を開く。ツールバーの「ウィンドウ」から「オーディオトラックミキサー」を選択する。

手順2 どのトラックに何の音が入っているかを確認する。背景音は音圧が高めに設定されていることが多いので、タイムラインに置いたそのままだと、動画の音声よりも大きく聞こえてしまう。

タイムラインの名称が表示され、どのタイムラインの音かがわかる。1番右端は「マスター」で、すべての音をミキシングした音になる

手順3 耳で確認しながら、背景音のトラックのボリュームと動画音声のトラックのボリュームを調整して、バランスのいいミックス音をつくる。

右側に表示されるインジケーターを確認しながら、上下に動かして音量を調整する

音源の探し方

音源の代表的な探し方は次の5つになります。

> ❶ 映像音源集のCDを購入する
> ❷ 映像音源のWebサイトから購入する（無料のものもある）
> ❸ YouTubeの音源を利用する
> ❹ 編集ソフトに入っている音源を使用する
> ❺ 自分でつくる（下記 2 参照）

　以前は❶が主流でしたが、今はWeb上でたくさんの音源が入手できるようになったので❷が主流にです。また、❶は音源をまとめて購入するので高価なものが多いのに対して、❷は1曲単位で安価に購入できるので、プロでなければ❷の方法で、必要に応じてイメージにあう音源を入手するほうがいいでしょう。

1 購入する音源、YouTubeの音源、編集ソフトに入っている音源は「ループ音源」になっている

　これらの音源は、多くが「**ループ音源**」として収録されています。映像の背景で使う音楽と映像の長さは同じにはなりません。映像が音楽より短ければ映像にあわせて音楽を切ればいいですが、音楽のほうが短い場合は映像に対して背景音が足りなくなります。この状況を解決してくれるのが「ループ音源」です。音楽には何小節かを繰り返すものがたくさんあります。これと同じように、**動画の長さにあわせて、同じ音源を何度もつなげているのに、「繰り返し」ていることに違和感を覚えないようにつくられた音が「ループ音源」です**。

　ループ音源なら、映像の長さにあわせて音を少し長めにつなげておいて、映像にあわせてカットすればキレイに映像とあわせることができます。最初は同じ音源をつなげてやってみることをお勧めしますが、慣れてきたら違うループ音源をつなぎあわせて、アクセントのある背景音にすることもやってみましょう。

2 自分で音をつくる方法

　DTM（ディスクトップミュージック）といって、パソコンで簡単に曲をつくれるようになりました。Mac、iPhone、iPadでは直感的に音楽がつくれるGarageBandというソフトも入っているので、少し勉強すれば誰でも簡単に曲がつくれます。オリジナル色を出すには、作曲は最高の選択肢です。**少しずつ練習すれば必ずつくれるようになる**ので、チャレンジしてみるのもいいでしょう。

初心者　中級　上級

絶対法則 32 映像のデータ形式をマスターする

動画はパラパラ漫画のように、1秒間に何枚もの静止画を勢いよく切り替えることで動いているように見せています。この静止画と音のデータの保存方法が、mpgやmp4と呼ばれる動画ファイル形式の名称になります。動画ファイルには、それぞれ特長やメリットデメリットがあるので、自分の使用方法にあわせたファイル形式の選別が大切です。

ビジネス	YouTuber
会社で動画データを保存する際は、使用しているパソコンで使える動画ファイル形式で統一しておかないと、管理が難しくなってしまいます。これを防ぐために、保管データのルールを決めておきましょう。	動画ファイルを正しく選択しないと、不必要に高画質で容量が大きくなってしまい、編集作業に時間がかかってしまいます。毎日動画アップを目指すなら、最適な動画ファイルで時間をかけずに編集できるようにしましょう。

「何に使うか」「どう残すか」ファイル形式は目的で決める

動画は、パラパラ漫画のようにたくさんの静止画を速く動かすことで動いているように見せています。静止画の枚数がものすごい量になることは想像がつきますよね。そのために動画データは、静止画と音のデータをまとめて1つのファイルデータに圧縮して保存しています。この保存方法を「**エンコード**」といいます。動画データを扱うときには覚えておきたい用語です。

この動画ファイルの形式は、OS（Mac、Windows）ごと、メーカーごとにさまざまなものがありますが、私たちが使用する形式はかぎられてくるので、ここでは知っておいたほうがいいものに限定してお話しします。

覚えておきたい動画ファイル形式5つ

1 Mpeg（.mpg）
　エムペグ

動画ファイルの標準形式として、プロアマ問わず最も一般的に使用されているのがMpeg形式です。Mpeg形式は用途に応じて何種類もあります。

Mpeg-1	最近あまり使わなくなったビデオCDの標準形式
Mpeg-2	テレビやDVDに使用されるデータ形式
Mpeg-4	ネットワーク配信やモバイルの発達にあわせてMpeg-1をさらに圧縮して容量を小さくしたもの

2 伝わる動画のつくり方

特にMpeg-4はネットワーク配信を意識して、**高圧縮でデータ容量を小さくできるうえに高画質をキープできるので、制作したデータを小さい容量で保存しておく際に便利なファイル形式**です。

データの拡張子はMpeg-1、Mpeg-2、Mpeg-4いずれの場合も「.mpg」になります。

2 AVI（.avi）
エーブイアイ

Microsoft社が開発した動画ファイル形式で**Windowsの標準動画ファイル**です。ハードディスク録画タイプのビデオカメラにAVI形式で動画データを保存するものが多いのは、Windowsパソコンでのデータ取り込み作業を考えてのことです。

Windowsをメインで使っている人は、このAVI形式で保存しておけば間違いないでしょう。ただし、**AVIは容量が大きいという欠点がある**ので、ハードディスクを圧迫してしまいます。

必要に応じて 1 のMpeg-4形式で保存するなど、今後の使用方法を考えて使うことをお勧めします。データの拡張子は「.avi」です。

3 wmv（.wmv）
ダブリュエムブイ

AVIと同じくMicrosoft社が開発した動画ファイル形式で、**Windowsの標準動画ファイル形式**です。開発のもとになったのがMpeg-4なので、**高圧縮でデータ容量が小さくなりながらも高画質をキープ**できます。

Windowsユーザーは「Windows Media Player」を使うことが多いので、馴染みのある動画フォーマットです。

Windowsを使うことが多い人で、容量を小さくして保存しておきたい場合はwmvがいいでしょう。データの拡張子は「.wmv」です。

4 mov（.mov）
モブ

Apple社が開発した動画ファイル形式で、**Macの「Quick Time」ファイル**として使われます。Macを使っている人なら、動画視聴プレイヤーである「Quick Time Player」で使われているので見たことがあるのではないでしょうか。

Macのマルチメディアなのでwindowsパソコンでは扱いにくいファイル形式ですが、Macユーザーはmovで保存しておけば使い勝手がいいでしょう。データの拡張子は「.mov」です。

5 flv（.flv）

マクロメディア社が開発し、その後マクロメディアをAdobe社が買収したことで、**Adobeのソフトで使われる動画フォーマット**です。Webも含めてシステム絡みでよく使われます。パソコンではFlash Playerで再生します。

動画を制作するのにAdobeのソフトを使っているなどの理由がないかぎりは扱いにくいファイル形式なので、目的がはっきりしなければ、あえて使うファイル形式ではありません。データの拡張子は「.flv」です。

ほかにも「H.264」や「AVCHD」など、たくさんの動画ファイル形式がありますが、まずはこの5つの動画ファイル形式があることを理解して、どの形式で保存するのが自分に最適かがわかるようになりましょう。

スマホの動画を保存する方法

スマートフォンやタブレットで動画を撮影、編集すると、簡単に動画をつくることができます。問題はこれらのハードディスクの保存容量がパソコンに比べて格段に小さいことです。

高画質の動画を撮影したり保存したりすると保存容量が減ってしまい、動画を撮ったり編集したりができなくなってしまいます。

これを防ぐためには、**こまめにスマホやタブレットから別の媒体に保存して、端末から動画データを削除しておく**しかありません。そのための方法をいくつか紹介します。

1 有線ケーブルでPCと接続して動画データをパソコンに取り込む

端末を指定の有線ケーブルでパソコンと接続し、**iTunesのようなパソコンのソフトなどを介してパソコンに取り込む方法**で、ほぼすべての端末で取扱説明書にこの方法が記載されていると思います。動画の取り込み方法としては、最もポピュラーで確実な方法です。

2 AirDropやWifiなどを使用して、端末とPCの間でデータ転送

上記 1 が有線なのに対して、こちらは無線で端末とパソコンをつないで、動画データを端末からパソコンにデータ転送する方法です。メーカーにより細かいところは異なりますが、それほど難しくなく端末とパソコンを接続することができます。欠点はデータの伝送速度で 1 の有線接続には負けるので、**大容量データの転送には向いていません。**

3 メール経由、YouTube経由などでの保存

　スマートフォン端末から、メールやYouTubeアップロードを介してデータをパソコンに転送する方法です。

　動画をメールに添付して転送するには、メールの添付ファイルの容量制限に注意しなくてはなりません。Gmailなら最大25MBまで添付できますが、会社などでは制限をかけていることもあります。

　またYouTubeの場合、ログインするとアップロードした動画はmp4としてダウンロードすることができます。データの転送速度に加え、動画は容量が大きいので、パケット通信量も大きくなってしまいます。従量制ではないWifi環境下など、作業する環境を選ばないと、アップロードに時間もかかり、パケット通信量も桁外れに増えてしまうことになるので、注意が必要です。

4 スマートフォン端末、PC端末併用USBメモリ

　スマートフォン端末の差し口とパソコンのUSBメモリの差し口の両方を有したUSBメモリがあります。スマホからはスマホにインストールしたアプリを介してUSBメモリにデータを保存し、そのUSBメモリをパソコンに差すことでデータを抽出することができます。有線で接続してソフトを起動してというのが面倒な人には、魅力的なツールです。

● **USBメモリー（iPhone/Android/パソコン用）**

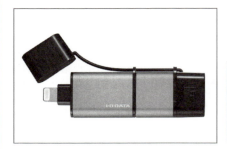

メーカー	I-O DATA
品名	U3-IP2/16GK iPhone/Android/パソコン用 16GB
実勢価格	4,260円（税抜）

Chapter - 3

YouTube に
動画をアップする

YouTube に動画をアップロードしてからの設定は、とても大切です。動画が視聴されるために必要な各種設定をしっかりと行い、たくさんの動画の中から見てもらえるようにしてあげなくてはいけません。動画が最大限に効果を発揮し努力が報われるように、動画が「ツタワル」ための技術を身につけてください。

初心者　中級　上級

絶対法則 33 YouTubeガイド「YouTube Creators」を活用する

YouTubeには、動画制作方法やYouTubeの運用、さらには活用方法まで学べる「YouTube Creators」というサイトがあります。YouTube公認のスクールです。親切で便利な内容なのですが、あまり知られていません。ここでは「YouTube Creators」の活用法についてお話しします。

ビジネス	YouTuber
YouTubeが考える「適切な運営」を把握できるオフィシャルサイトなので、企業として責任ある運営をしていく際に、貴重な情報となります。	全編を通して参考になりますが、YouTubeでの収益の発生のしかたなど、具体的な項目も多く、YouTubeの考える動画拡散戦略がわかって参考になります。

YouTube公認の虎の巻

「YouTube Creators」というと、クリエイターという言葉が職業のイメージを想起させるので、プロのためのサイトのように思われてしまいますが、YouTubeだけでなく動画初心者にも参考になる大変素晴らしい内容になっています。サイトは日本語対応しているのでどなたでも活用できます。

YouTubeが制作した公認の制作・活用情報なので、YouTubeを活用しようと考えているあなたは徹底的に活用すべきです。「YouTube Creators」の内容については頻繁にアップデートされるので、こまめにチェックしてください。

本書でも触れてきたような動画制作の心理的なしかけからSNSなどのコミュニティ施策まで、初心者でもわかりやすいように幅広くしっかりとした流れでつくられています。

特にYouTube特有の機能や著作権などのコンプライアンス、収益化の方法まで、幅広く大変参考になる記述が多くあります。

●YouTube「YouTube Creators」Webサイト：https://www.youtube.com/intl/ja_ALL/creators/

初心者 中級 上級

絶対法則 34 YouTubeチャンネルを理解して正しく設定する

YouTubeアカウントはGoogleアカウントになりますが、このIDを取得してYouTubeにアクセスすると、自動的にYouTubeに自分のチャンネルを持つことになります。このチャンネルを「YouTubeチャンネル」といい、自分がアップロードした動画はすべてここに整理されます。YouTubeチャンネルは、YouTubeが用意してくれたあなたのホームページのようなものですが、このチャンネルをブランディングして広めていくことが、あなたのファンづくりに欠かせない大切な作業となります。YouTubeチャンネルの役割をしっかり理解しましょう。

ビジネス	YouTuber
見た目も管理上も企業としてふさわしいYoutubeチャンネルを持つことで、長年にわたり動画を使ってのしっかりとしたコンテンツマーケティングが可能になります。	チャンネルを動画のプラットフォームにして、チャンネル登録をしてもらうことで固定ファンをつくり、新しくアップした動画を確実にファンに伝えることができます。そうすると、視聴数アップにつながります。また複数のチャンネルを活用することで、専門性や尖ったコンテンツのチャンネル運営で、差別化ができます。

チャンネルのデザインはブランディングの第一歩

　YouTubeチャンネルは、Googleアカウントを取得してYouTubeにアクセスすると自動的に開設されることから、**チャンネルへの情報登録などの作業を何もせずに、ただ動画だけをアップしている人がたくさんいます。**

　これはとても残念なことです。YouTubeがあなたのためにホームページの機能を用意してくれたにもかかわらず、その機能を使わないことになるわけです。

　そのためYouTube活用力も落ちますし、何よりあなたの動画を見てくれた視聴者が、あなたのチャンネルを見てしらけてしまいます。

● YouTubeチャンネル

チャンネルのカスタマイズやしっかりと情報をエントリーすることで、あなたのYouTubeチャンネルができあがります。「**YouTubeチャンネルは私のホームページ**」、そう思ってしっかりつくり込みましょう。

YouTubeチャンネルは2つ目以降のもので運用しよう

　Googleにはビジネスやブランド用に、ブランドアカウントと呼ばれる特別なアカウントを設定して管理することができるしくみがあります。GoogleID取得後、最初にYouTubeにアクセスしたことでつくられるYouTubeチャンネルは個人ID用のYouTubeチャンネルで、YouTubeヘルプなどでは「**個人のチャンネル**」と説明されています。

　そのためあなたのお気に入りの動画やチャンネル、視聴履歴などを中心にチャンネルが構成され、下記でお話しする複数人でのチャンネル管理も個人のチャンネルなので設定できません。ところが、多くのビジネス用の動画が、この個人のYouTubeチャンネルにアップされてしまっています。

　企業のホームページに組み込まれているYouTube動画をクリックすると、その会社の社長さん個人のYouTubeチャンネルにアクセスしたり、ひどいときはホームページ制作会社の制作者個人のYouTubeチャンネルにアクセスしたりします。そのため、同じチャンネルに個人的な視聴履歴の動画が表示されたり、ほかの会社の動画が一緒に表示されたりしてしまいます。これでは素敵な動画もブランディングにはつながりません。しかし動画の多くが、特にビジネスに関する動画の多くが、このような運用になってしまっているのです。

　このようなことにならないよう、ビジネスで使用するチャンネルと個人チャンネルを明確に別管理できるように「ブランドアカウント」というしくみがあります。

　チャンネル設定時にブランドアカウントで設定できるときは、そのままブランドアカウントでチャンネルを設定します。

チャンネルは複数人で管理しよう
― ブランドアカウントでのYouTubeチャンネル ―

　では、ブランドアカウントでのYouTubeチャンネルとはどのようなものなのでしょう。

1 YouTubeチャンネル名

　上記個人のYouTubeチャンネルは、「人」のためのチャンネルです。ですから、

最初にアクセスしたときに「姓」と「名」を入力する画面がポップアップして、名前を入力するようになっています。これを無理して会社用などにするので、木村商事とするために姓に「木村」、名に「商事」と入れてチャンネルをつくってしまうのです。この際Googleの設定では、「姓名」ではなく西洋的に「名姓」となってしまい、「商事木村」と社名が逆転している残念なチャンネルを見かけます。

　これに対して、ブランドアカウントで取得するチャンネルはビジネスやブランド用なので、**姓名で分割設定するのではなく、1コマでチャンネル名を設定できます**。これであれば間違いなく「木村商事YouTubeチャンネル」のように、チャンネル名を設定することができます。

2 複数人でのチャンネル管理

　最初のYouTubeチャンネルは特定のIDに紐づいた個人チャンネルなので、複数人（ID）で管理することはできません。対してブランドアカウントのYouTubeチャンネルは、企業など複数人で運営していくことを目的にしています。

　まず、チャンネルをつくった人は「**メインのオーナー**」として登録されます。そしてYouTubeチャンネルの「設定」をクリックして表示される「管理者」の「管理者の追加または削除」のところで、一緒にチャンネルを管理してもらいたい人をメールアドレスで招待します。相手がGoogleから送信される招待メールの内容を承認し、そのチャンネルの管理者となることができます。いわば生みの親と育ての親のような構図ができあがるわけです。このチャンネルを管理するユーザーには3つの役割を設定できます。

● チャンネル管理ユーザーの種類

- オーナー：最も多くの操作ができ、どのユーザーがチャンネルを管理するかも制御できます。オーナーのうち1名がメインのオーナーとなります（通常、チャンネルをつくったIDがメインのオーナーになります）。
- 管理者：チャンネルへの動画投稿や設定など、運営に関わる操作ができます。
- コミュニケーション管理者：これは、ほかのGoogleサービス（Googleマイビジネスなど）のブランドアカウントでは使用しますが、YouTubeは使用しません。

　このように、誰かが誤って好ましくない動画をアップしても、ほかの管理者が非公開にして視聴できなくすることもできます。またチャンネルを管理していた人が退職するなどの人事的な問題にも対応でき、企業として管理できるYouTubeチャンネルとなります。

2つ目以降のチャンネルの作成方法

ブランドアカウントのYouTubeチャンネルについてお話しする前に知っておいていただきたいのは、**YouTubeチャンネルは、ひとつのIDで複数のチャンネルをつくって保有することができる**ということです。1ID=1チャンネルではないのです。

最初のYouTubeチャンネルが個人チャンネルになるのですが、2つ目以降につくるYouTubeチャンネルはブランドアカウントチャンネルになるのです。

それでは2つ目以降のYouTubeチャンネルのつくり方を見ていきましょう。

手順1 YouTubeのサイトを開き、右上に表示されるアカウントアイコン（アバター）をクリックし「設定」をクリックします。

手順2 「YouTubeの設定」内にある「チャンネルをすべて表示するか、新しいチャンネルを作成する」をクリックします。

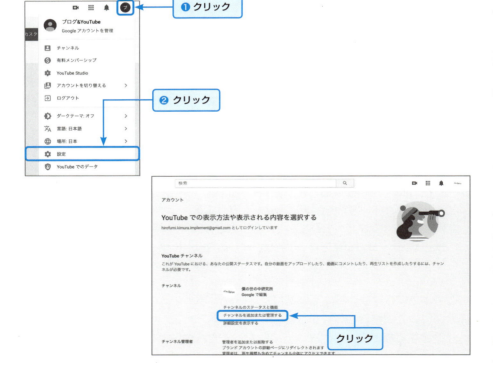

手順3 「アカウントのチャンネル一覧」ページにアクセスするので、左上にある「新しいチャンネルを作成」をクリックします。

手順4 「ブランドアカウント」名を入力するページに移動するので、ここにつくりたいYouTubeチャンネルの名称を入力して「作成」をクリックします。

※YouTubeチャンネル名は、この操作のあとでも変更することができます。

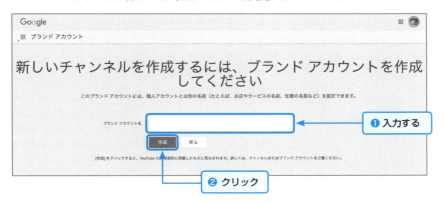

手順5 ブランドアカウントのYouTubeチャンネルができあがります。

　この本の読者のみなさんは、ビジネスユースにせよYouTuberとしてにせよ、YouTubeを活用していこうと考えている人だと思うので、個人チャンネルにおける運用は避けて、このブランドアカウントのYouTubeチャンネルで運用していくようにしましょう。

初心者　中級　上級

絶対法則 35　YouTubeチャンネルをカスタマイズする

ブランドアカウントのYouTubeチャンネルをつくっても、きっちりとした設定、運営をしないと、YouTubeから認めてもらえるチャンネルにはなりません。検索に強く、関連動画としても表示されやすくするためには、しっかりとYouTubeが求めるYouTubeチャンネルにカスタマイズしていくことが大切です。

ビジネス	YouTuber
ホームページのように洗練されたYouTubeチャンネルは、企業ブランディングになると同時にチャンネル訪問者にさまざまな動画に気づかせることもでき、企業やサービスのさまざまな情報にアクセスしてもらうことができるようになります。	1本の動画からYouTubeチャンネルに誘導し、そこでほかの動画も視聴してもらうことが収益を高める手段になります。そのためにもチャンネルをカスタマイズして、過去の動画をわかりやすく整理しておくことが大切になります。

YouTubeチャンネルのカスタム設定

　YouTubeチャンネルは、個人チャンネルであってもブランドアカウントであっても、カスタマイズの設定をしないとフィードというアップロードした動画が順番に表示されている無機質な状態のものになってしまいます。これでは動画を使ったブランディングにはなりません。YouTubeもカスタマイズを推奨しているように、チャンネルをわかりやすく使いやすいものにするために**チャンネルのカスタマイズは必須**です。

　では、チャンネルのカスタマイズ方法を見ていきましょう。

手順1　パソコンでYouTubeアカウントにログインし、**画面右上のアカウントアイコン（アバター）をクリックする。「チャンネル」をクリックする。**

※　スマートフォンやタブレットの場合も「ブラウザで表示」にすることで対応できますが、パソコンからのログインをお勧めします。

手順2　チャンネルバナーの下にある「チャンネルをカスタマイズ」をクリックする。

紹介動画を設定する

チャンネルをカスタマイズすると、チャンネルバナー下の1番目立つところに、紹介動画という、チャンネルにきた視聴者がまだチャンネル登録をしていないときに、あらかじめ設定した動画を表示するスペースが現れます。

ここに、チャンネルや企業をイメージしやすい紹介動画を表示することで、チャンネル訪問者にチャンネルの魅力や企業の魅力などを知ってもらうことができます。

YouTuberならチャンネル紹介動画や自信のある動画、企業だとプロモーションビデオやテレビCMなど、端的にチャンネルを宣伝できる動画を設定するのが基本です。紹介動画は下記のように設定します。

手順1 チャンネル紹介動画として使用する動画をアップロードします。
※ チャンネルを管理するIDでアップロードした動画しか設定することができません。

手順2 YouTube Studioの「カスタマイズ」を開き、「レイアウト」の「動画のスポットライト」を開きます。

手順3 「チャンネル紹介動画」をクリックし、一覧から選択するかURLを入力して動画をクリックします。

手順4 チャンネル紹介動画が設定されます。

チャンネル紹介動画は簡単に変更することができるので、時期や期間など、戦略的に運営することも可能です。

チャンネル紹介動画の変更のしかた

手順1 YouTube Studioを開き、「カスタマイズ」をクリックし、「チャンネル登録していないユーザー向けのチャンネル紹介動画」の右側に表示される3つの点のマーク：をクリックします。

手順2 「動画を変更」をクリックして動画を選びます。

※ 紹介動画をなくしたいときは「動画を削除」を選択します。

※ 紹介動画の選択は紹介動画を設定するときと同じ作業です。

チャンネル登録者に見せたい動画を設定する

すでにチャンネル登録してくれている人には、何度もチャンネルを宣伝する動画を見せる必要はありません。紹介動画欄にはチャンネル登録者がチャンネルに訪問した際に、「注目コンテンツ」としてあらかじめ設定した動画や再生リストを表示する機能があるので、こちらも紹介動画とあわせて設定しておきます。

チャンネル登録者向けのおすすめ動画の設定方法

手順1 YouTube Studioを開き、「カスタマイズ」をクリックし、「チャンネル登録者向けのおすすめ動画」の右側に表示される3つの点のマーク：をクリックします。

最初に設定する時は「追加」をクリック

手順2 「コンテンツをおすすめ」か「既存のコンテンツ」のどちらかを選択します。

「コンテンツをおすすめ」では、チャンネルにアップロードした動画または再生リストから紹介したいものを選択するか、自分以外のYouTube動画もしくは再生リストのURLを入力することで、ここに表示することができます。

「既定のコンテンツ」を選ぶと「最新のアップロード」か「最新のアップデート」を選ぶことができます。

YouTube動画のURLを入力すれば、自分のアップロード動画だけでなく、YouTube上のほかの動画も表示することができる

自分のアップロードした動画もしくは再生リストを設定できる

初心者 中級 上級

絶対法則 36 YouTubeチャンネルのチャンネルアイコンとチャンネルアートを設定する

YouTubeチャンネルを訪問した人の目に飛び込んでくるのがチャンネルロゴとチャンネルアートです。いずれもチャンネルのイメージを象徴するものにすることで、ホームページのように華やかにチャンネルを見せることができます。しっかり設定するだけでほかのチャンネルより華やかになるので、必ず設定するようにしましょう。

ビジネス	YouTuber
チャンネルロゴにコーポレートロゴ、チャンネルアートに自社製品の写真を入れるなど、工夫次第で自社オリジナルチャンネルのように見せることができます。ホームページと同様、チャンネルもしっかり設定して見やすく華やかなものにしましょう。	チャンネルアートは、チャンネルを表現するのに最適なスペースです。自分のチャンネルの内容を端的に表す画像をしっかり設定することで、チャンネルブランディングをしましょう。

チャンネルアイコンを設定する

　YouTubeチャンネルに表示されるチャンネルアイコンは、企業だったらコーポレートロゴ、YouTuberだったら自分の顔のアイコンなど、パッと見て象徴的なものを表示しましょう。チャンネルアイコンは、Googleのアカウントアイコン（アバター）がYouTubeでチャンネルアイコンとして表示されます。

　そのためチャンネルアイコンの設定はYouTubeとしてではなく、Googleのアカウントアイコンとして設定します。Googleアカウントもブランドアカウントなので、個人のGoogleアカウントアイコンを変更するのではなく、ブランドアカウントとしてのアカウントアイコンを変更します。

チャンネルアイコンの設定方法

手順1 YouTube Studioの「カスタマイズ」「ブランディング」をクリックし、「プロフィール写真」の「アップロード」をクリックし動画をアップロードする。

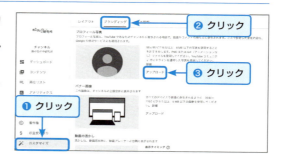

チャンネルアートを設定する

　YouTubeチャンネルを開くと、まず目につく部分が「**チャンネルアート**」と呼ばれるヘッダー部分です。デフォルトでは、画像などの情報がない状態で味気がありません。ここは、チャンネルを訪れたユーザーにあなたのチャンネルのイメージを直感的に伝えることができる部分なので、しっかり設定しましょう。

　YouTubeチャンネルのヘッダーのサイズは、2,560×1,440ピクセルが推奨されています。このサイズ以外でもアップロードできますが、YouTubeが自動で画像のサイズを調整してしまい、自分が見せたい画像の場所がズレてしまうので、あらかじめアップロードする画像を推奨サイズでつくっておきましょう。

　また**ファイルのサイズは最大で2MBまで**です。こちらはオーバーするとアップロードできないので、必ずデータサイズを確認してアップロードしましょう。このサイズを守りながらオリジナリティあふれるチャンネルアートをつくるわけですが、次の2パターンを意識して設定するとつくりやすくなります。

1 タイトルなしの画像をアップロードする

　お気に入りの画像やチャンネルのイメージにあった画像を、サイズ調整してアップロードします。簡単なので、まずはこの方法でチャンネルアートをアップロードしてみましょう。画像に文字情報がなくてもチャンネルアートの下にチャンネル名が表示され、リンク部分やチャンネルアイコンで会社名などの文字情報を伝えることができるので、訪問者はあなたのチャンネルをちゃんと認識することができます。

2 タイトルやキーワードを盛り込んだ画像をアップロードする

　こちらは 1 から一歩進んだ上級編です。

　チャンネルアートは目立つので、チャンネルアートの写真にチャンネル名やキャッチコピーを盛り込みます。この方法だと文字のフォントや色を工夫することができるので、華やかに文字情報を伝えることができます。ただしチャンネルアートは視聴者のYouTubeを見るハード、パソコン、スマートフォン、テレビと、それぞれにあわせて表示される領域が異なります。パソコンではしっかり読めるのにスマートフォンだと文字が切れてしまうことがあるので、**1番表示領域の小さいスマートフォンにあわせて文字表記をするなど、配慮が必要**になります。

YouTubeチャンネルアートのサイズにあわせた画像加工のしかた

　チャンネルアート用の画像のサイズ変更は、どのようにすればいいのでしょうか。Windowsであれば「ペイント」、Macであれば「プレビュー」という、OSに付属のソフトで切り取りやサイズの変更などの簡単な加工は可能です。

　しかしそれだけでは魅力的なチャンネルアートをつくることは難しいので、Web上で簡単にチャンネルアートがつくれる「fotor」というサービスをご紹介します。無料ですが、YouTubeチャンネルのサイズにあわせた写真加工が簡単にできる大変便利なサービスです。

　foterなら写真の大きさやサイズを自動調整してくれるうえに、画像加工も直感的でわかりやすいつくりになっているので、誰でも簡単にチャンネルアートをつくることができます。

初心者 中級 上級

絶対法則 37 YouTubeチャンネルの説明情報を設定する

YouTubeチャンネルがあっても、どんなチャンネルかわからないと魅力も減ってしまいます。チャンネル自体も検索の対象ですから、チャンネルの説明をしっかり入力しておくことは多くの人に気づいてもらうための手段でもあります。ここでは、わかりやすくしっかりと検索されるチャンネルになるための説明情報の設定についてお話しします。

ビジネス	YouTuber
自分が運営するチャンネルの趣旨を知ってもらい、そこから問いあわせいただくためには問いあわせメールアドレスをしっかり設定しておくなど、チャンネルからの導線が途切れないように設定しておかないといけません。	YouTuberにとってチャンネルは命です。チャンネルをいい加減に設定するということはあり得ません。チャンネルの趣旨はもちろん、SNSへのリンクなど拡散していくための情報も盛り込めるので、しっかりと設定しましょう。

チャンネルの説明を設定する

　YouTubeチャンネルのオーナーが誰で、どんなチャンネルなのかがわからないと、チャンネルはただの動画集積所になってしまいます。YouTubeチャンネルはあなたのホームページです。**YouTubeチャンネルを「ツナガルしかけ」にするために大切なのが「概要」に表示される情報**です。しっかりとすべての情報を入力して、YouTubeチャンネルの力を最大限に発揮しましょう。

手順1 ログイン後、「チャンネル」でYouTubeチャンネルに移動し、「チャンネルカスタマイズ」をクリックしたあと表示されるYouTube Studioの「カスタマイズ」で編集画面を開く。

手順2 「チャンネルの説明」を入力する。

チャンネルの説明の冒頭の一部が、YouTubeのさまざまな場所に頻繁に表示されるので、ここの文章はとても重要です。一番重要なことを最初に書くようにします。また関連するキーワードも説明文に織り込むようにしましょう。

```
チャンネルのカスタマイズ

レイアウト    ブランディング    基本情報

チャンネル名と説明
僕の世の中研究所 ✏

 チャンネルの説明
 僕の世の中研究所YouTubeチャンネル。
 日常の切り取りをモットーに勝手気ままに動画をアップしています。
 些細なことでもアップしている勝手チャンネルです。
```

詳細を設定する

詳細のところには「ビジネス関係のお問い合わせ」の連絡先情報(メールアドレス設定)があります。メールアドレスはタイトルどおりYouTubeチャンネルの概要欄に問いあわせメールとして表示されることになります。YouTubeから直に問いあわせを受けたいときは設定するといいでしょう。

URLリンクを設定する

概要欄で説明と同じくらい大切なのが「**リンク**」です。これは自分のホームページやSNSとリンクが張れる機能です。Googleと直接のリンクなので、絶対に設定しておくようにしましょう。

設定は、リンクのタイトルとURLが入力できます。そのため、○○会社ホームページという定番のタイトルだけでなく、「**詳しい情報はこちら**」や「**購入はこちら**」のように具体的な行動をタイトルにすることもできます。

ただし、パソコンではチャンネルアートの上に5つまで、このリンクを表示することができるのですが、タイトルを表示できるのは最初の1つのリンクだけで、残りはファビコン（ロゴ）だけになってしまいます。パソコン、スマホとも概要欄のリンクにはタイトルとリンクが表示されますが、チャンネルアートの上にあるリンクは認知力が高いので、最初のひとつ目のリンクタイトルは、よく考えてつけましょう。

初心者　中級　上級

絶対法則 38 再生リストでセクションをわかりやすくする

YouTubeチャンネルでぜひやってほしいのが、「再生リスト」の活用です。再生リストはもともとは自分の見たい、もしくは見てもらいたい動画を、順番に並べた束のようなしくみですが、YouTubeチャンネルをカスタマイズするにあたり「セクションの追加」で再生リストを追加することにより、YouTubeチャンネルのコンテンツの整理にも役立ちます。

ビジネス	YouTuber
商品、サービス、会社情報、リクルーティングと、仕事で発信したいことはたくさんあります。これらを時系列でチャンネルに並べると、チャンネルに訪問した人が動画を探しにくくなります。動画をきっちり整理してわかりやすく伝えるようにしましょう。	コンテンツごと、月別など、ビジネスに比べてたくさんの動画をアップしていくことになるので、チャンネルでの動画の整理は必須です。動画を見てもらったら、チャンネルに誘導して、ほかの動画も見てもらいましょう。この流れをつくれるチャンネルにします。

再生リストとは

「**再生リスト**」は、自分のお気に入りの動画を集めたリストです。

　自分の動画はもちろん、YouTube上にある他人の動画も再生リストに組み込むことができます。「私のセレクション動物動画集」や「食べ歩きYouTuberが選ぶレシピ動画集」など、他人の動画だけで再生リストをつくったり、自分の動画と他人の動画を混ぜあわせて再生リストをつくることもできます。

● 他人の動画を使った再生リスト

　また複数の再生リストに同じ動画を組み込むこともできるので、YouTubeチャンネルの構成をするにあたって細かい設定が可能になります。

再生リストのつくり方

手順1 「マイチャンネル」をクリックしてYouTubeチャンネルにアクセスし、「再生リスト」のタブをクリックする。

手順2 「再生リスト」ページにある「新しい再生リスト」をクリックする。「再生リストのタイトル」がポップアップするので、タイトルを入力して「作成」をクリックする。

手順3 作成した再生リストの管理画面で「動画を追加する」をクリックする。

手順4 「再生リストへの動画の追加」画面が開く。再生リストで再生する動画を選択できる。選択は「動画検索」「URL」「あなたのYouTube動画」で、動画を探して選択し、「動画を追加」をクリックする。

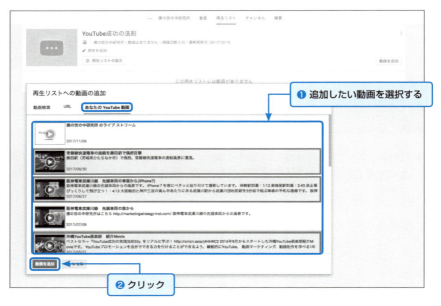

手順5 同様の作業を繰り返すと再生リスト内の動画を増やしていくことができる。また再生順も動画の左側にある番号のところにカーソルを持っていき、クリックして押したまま上下に動かすことで順番を入れ替えることができる。

手順6 「説明」をクリックして、説明欄に再生リストの説明を入力して完了。

セクションは再生リストで整理する

再生リストは、見せたい動画を順番に並べるなどの整理に使うことが本来の目的ですが、もう一歩先にいくとYouTubeチャンネルのカスタマイズに大きな役割を担ってくれます。

YouTubeチャンネルの「セクション」として再生リストを使用することで、YouTubeチャンネルに小見出しをつけて動画を整理することができるなど、より見やすくわかりやすいYouTubeチャンネルにすることができます。

再生リストのYouTubeチャンネル設定

手順1 YouTube Studioの「カスタマイズ」をクリックし、「レイアウト」の「注目セクション」で「セクションの追加」をクリックし、「1つの再生リスト」を選択する。

手順2 追加したい再生リストをクリックする。

手順3 追加された再生リストはリストの最下部に表示される。チャンネル上部など表示位置を変更したい場合は、再生リストのところにカーソルを持っていくと、右上部に表示される設定ボタンで再生リストを上下させて設定する。

初心者 中級 上級

絶対法則
39

YouTubeから認められる
YouTubeチャンネルにする

YouTubeチャンネルのカスタマイズなど、YouTubeチャンネルがYouTubeからチャンネルとして認められるための条件をクリアしないと損をすることもたくさんあります。ただチャンネルをつくるのではなくYouTubeが求めるチャンネルでの運営が、見られるチャンネルへとつながります。

ビジネス	YouTuber
本業の合間でのYouTube運用とはいっても、動画の効果は最大限に発揮したいものです。そのためにはYouTubeの求めるチャンネル条件をクリアし、確実に運営していくことが、励みになり長続きの秘訣になります。	YouTubeは、動画に流す広告への広告収入で成り立っています。動画やチャンネルは資金獲得のための大切なプラットフォームなので、一定の条件をクリアしないと広告収入が入ってこないようになっています。まずは最低限のラインをクリアして、収益が発生するチャンネルにしましょう。

YouTubeに認められるYouTubeチャンネルになろう

　YouTubeは、動画に広告を流すことで、クライアントから広告収益を得ています。それだけに、**視聴者に不快感を与えるチャンネルには魅力を感じていません**。

　YouTubeの「ブランディングの重要性」で取りあげられている項目に、しっかり対応することがYouTube運用のスタートになります。

● カスタマイズしたほうがいいYouTubeチャンネルの設定（抜粋）

- チャンネルアイコンが設定されていること
- チャンネルアートが設定されていること
- チャンネルの説明が設定されていること
- カードや透かしなどがされていること
- チャンネル紹介動画が設定されていること

　YouTubeで推奨されていることにしっかりと対応することで、YouTubeに認められるチャンネルにしていきましょう。

チャンネルはYouTubeの求める条件をクリアしないと効果がない

　前頁のようにチャンネルをカスタマイズすることに加え、2018年2月20日以降は「チャンネルの過去12カ月間の総再生時間が4,000時間以上」であり、「チャンネル登録者が1,000人以上」でないと、収益化のためのYouTubeパートナープログラムの審査を受けることができなくなりました。
　つまり、一定ボリュームの視聴をとっていないと広告収入が入ってくるようには設定できないのです。ここからも、YouTubeが広告プラットフォームとしてチャンネルを大切にしていることがわかります。
　決まった以上、私たちは条件にあわせなくてはいけません。YouTuberとしてYouTubeからの広告収入をねらう場合は、少しでも早く条件を達成するようにしましょう。

YouTubeチャンネルの認証を行う

　チャンネルのカスタマイズもさることながら、そもそもYouTubeチャンネルの認証を行っていないチャンネルもたくさんあります。
　Googleアカウントを取得する際に本人認証をしているので、そこで完了してしまっていると思っている人が多いようです。
　YouTubeチャンネルの認証は「YouTube Studio」「設定」「チャンネル」「機能の利用資格」とクリックしたところにある「ステータスと機能」のチャンネルアイコンの横に「確認」のボタンがあります。こちらのチャンネル確認は運営していくうえでは必須なので、必ず対応しておくようにしましょう。

⚠ YouTubeチャンネルの認証でできるようになる主なこと

15分以上の動画をアップロードできるようになる
　初期設定ではアップロードできる動画の時間は15分以内に制限されていますが、アカウント確認を行うと、**15分以上の動画をアップロードすることができる**ようになります。

動画アップロード時にカスタムサムネイルの設定ができるようになる
　初期設定ではアップロード時にYouTubeが自動で選ぶ3つの抽出画像の中からしかサムネイルを選ぶことしかできませんが、アカウント確認を行うと自分で**好きな画像をサムネイルとしてアップロードすることができる**ようになります。

収益の有効化ができるようになる

アカウント確認を行うと、動画で収益をあげるための広告の表示設定ができるようになります。ただし前述のとおり、YouTubeの求める条件をクリアするまでは審査保留の状態となります。

YouTubeチャンネルの認証方法

手順1 YouTubeサイト右上にあるアカウントアイコンをクリックし、「YouTube Studio」をクリックする。

手順2 「YouTube Studio」にある「設定」をクリックし、ポップアップするウインドウの「チャンネル」「機能の利用資格」をクリックし、「ステータスと機能」をクリック。「ステータスと機能」の「確認」をクリックする。

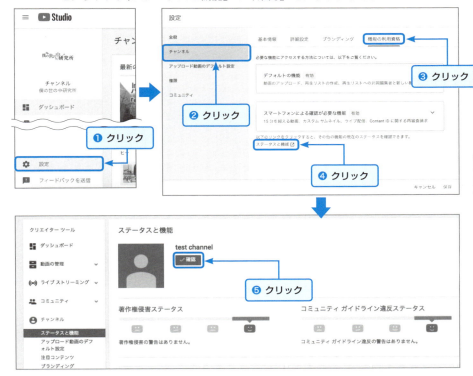

手順3 「アカウントの確認」画面が開くので、国を選択し、確認コードの受け取りを電話とSMSのどちらで行うか選択する。

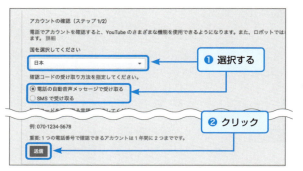

手順4 「確認」をクリックすると、まもなく電話もしくはSMSで6桁の確認コードが通知されるので、通知された6桁の確認コードを入力して「送信」をクリックする。

手順5 確認が終了すると、「チャンネル」の「ステータスと機能」欄で「パートナー確認済み」のステータスとなり、「制限時間を超える動画」が有効に、「カスタムサムネイル」が有効になるなど、機能制限が解除されている。

初心者　中級　**上級**

絶対法則
40 ブランディング設定を行う

「YouTube Studio」の「チャンネル」項目にある設定をしっかりしておくと、動画をアップロードしたときには設定できないチャンネルとしてのブランディング方法が使えるようになります。これらは視聴者のチャンネルへの誘導や動画に被せるように表示する情報など、有用なものが多いのでしっかり設定しておくようにしましょう。

ビジネス	YouTuber
複数人で管理すると、アップロードした動画の設定がそれぞれで異なったり、運営にばらつきが出てしまいます。あらかじめ動画をアップロードしたときのデフォルト設定をしておくと、動画をアップロードしたときに自動的に情報が付与されるので、複数人でもルールに基づいた運営ができます。	動画への各種設定は視聴回数を伸ばすうえで、必須です。でも、毎回入力していると大変です。決まった設定は事前にしておいて、作業を効率化させましょう。

詳細設定を行う

「YouTube Studio」の「設定」「チャンネル」の項目にある設定は、YouTubeを活用するうえで価値のあるものばかりです。

この設定をきちんとしておくと、しっかりとした動画活用、チャンネル活用ができるようになります。

⚠「YouTube Studio」「チャンネル」の主な設定内容

アップロードのデフォルト設定

アップロードした動画それぞれにタグや説明欄の決め言葉を都度入力するのは大変です。「チャンネル」の「アップロード動画のデフォルト設定」で、事前に動画に添付したい文言やタグなどの設定をしておけば、動画をアップすると設定した内容が動画に適用されます。

もちろん、アップした動画ごとにあとから設定を修正できるので、パターンになっている情報はここで事前に設定しておきましょう。

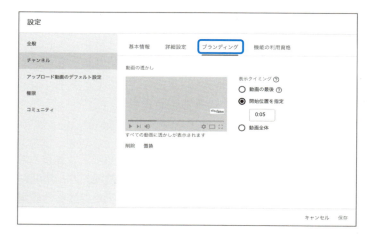

ブランディング

　YouTubeチャンネルに、リンクを張った画像やロゴの透かしを動画に被せることができます。開始位置も設定できるので、動画の最後だけ表示するなどの設定もできます。

詳細設定

　YouTubeチャンネルの基幹的な設定に関わるところです。アカウント情報のところの編集ボタンを押すと、チャンネル名を変更することもできます。
　ここにある「チャンネルのキーワード」は、YouTubeチャンネルが検索でヒットするための大切なキーワードになるので必ず設定しておきましょう。そのほか、

広告表示の有無、Google広告アカウントのリンク、自身のWebサイトとの関連づけ設定など、大切な設定がここにあります。

チャンネル登録者が100人を超えると独自URLがゲットできる

　YouTubeチャンネルが一定の要件を満たすと、独自（カスタム）URLという覚えやすいウェブアドレスを自分のYouTubeチャンネルに設定することができるようになります。

● （カスタムURL例）

> https://www.youtube.com/c/bokunoyononaka
> カスタムURLが使用できる条件は下記になります。
> ● チャンネル登録者数が100人以上であること
> ● チャンネルを作成してから30日以上経過していること
> ● チャンネルアイコンの写真をアップロード済みであること
> ● チャンネルアートをアップロード済みであること

　これらを満たすと、「YouTubeStudio」から「設定」「チャンネル」の「ステータスと機能」にある「カスタムURL」設定で申請ができるようになります。
　なお、**日本語のYouTubeチャンネル名の場合、カスタムURLも日本語しか選択できないので、文字化けしてしまったりするURLになってしまいます。**英語表記のURLにするのは、チャンネル名をカスタムURLで取得したい英語（ローマ字）表記に変更してからカスタムURLを申請するようにします。

初心者　中級　上級

絶対法則 41　動画をYouTubeにアップする

YouTubeチャンネルという箱ができたら、次は動画アップロードで箱に動画を入れていく作業に入ります。動画はパソコンやスマホに保存されている動画データはもちろんですが、パソコンソフトやスマホアプリから直接アップロードすることも可能です。いろいろなアップロードの方法を知っていると状況にあわせてアップロードできるので、無駄な作業がなくなります。

ビジネス	YouTuber
パソコン、スマホなど、各端末で動画をアップロードできるようにしておくと、「スマホで編集した映像データをパソコンに転送⇒YouTubeにアップ」という作業がなくなって、効率のいい運営ができます。	スマホで編集した動画をすぐその場でアップできるようにしておくと、イベント現場からすぐにYouTubeにアップできるなど、ニュース性の高い動画を配信することができます。

パソコンから動画をアップする

編集した動画をパソコンからYouTubeにアップしてみます。

ブラウザでYouTubeにいけば、ホームであってもマイチャンネルであっても、**どのページでも右上のチャンネルアイコンの左側にビデオカメラのボタンが表示されています。**

ボタンをクリックして表示される「動画をアップロード」をクリックします。

画面が動画アップロード画面に移動し、画面中央の「アップロードするファイルを選択または動画ファイルをドラッグ＆ドロップします」をクリックするか、動画データを直接このアップロード位置にドラッグ＆ドロップすれば動画がアップロードされます。

次に「公開設定」を「限定公開」か「非公開」にしておきましょう。

動画をアップロードして

からさまざまな動画情報を付記するので、動画がアップロードされてすぐ「公開」になると設定ができず困ります。

そのため**「限定公開」か「非公開」でYouTubeにアップし、詳しい情報を設定してから「公開」ステータスにすることがお勧めです。**

スマホから動画をアップする

スマホで編集した動画をパソコンからアップするためには、動画データをスマホからパソコンに移さなくてはいけません。有線ケーブルでパソコンとつなぐなど方法はいくつかありますが、面倒で手間がかかります。それであれば、直接スマホからYouTubeにアップロードするほうが手間もなく簡単です。

iPhoneの場合は、「写真」のところにiPhoneで編集した動画データがあるので、アップロードしたい動画を「写真」から選びます。アップロードするアプリが複数表示されるので、そこからYouTubeを選び、動画タイトルなど、必要情報を入力していきます。

「写真」からではなく、動画編集アプリから直接YouTubeにアップする方法もあります。こちらは各ソフトやアプリごとに仕様が違うので、それぞれの対応方法に沿ってください。

詳細設定を必ず設定する

YouTubeに動画をアップするだけだとタイトルは設定されますが、説明欄やタグには何も設定されていません。またタイトルも動画データのデータ名称がそのままタイトルになってしまうので味気ないものになってしまいますし、検索も弱くなります。

ここから各動画への情報設定の方法をお話ししていきます。各動画ごとにしっかりと情報を設定し、せっかくつくった動画が最大限に力を発揮するようにしていきましょう。

| 初心者 | 中級 | 上級 |

絶対法則 42　動画に「タイトル」をつける

動画タイトルは、YouTube上はもちろんのこと、FacebookなどのSNSにシェアしたときにも露出されます。さらにYouTubeでは、「タイトル」「説明」「タグ」の3つのテキスト情報が検索や関連動画表示にも重要なキーになることから、感覚でつけるのではなく、動画の内容を的確に表現する文言で設定することが大切です。

ビジネス	YouTuber
動画タイトルに社名や商品名を盛り込むことで、企業ブランドの刷り込みができます。繰り返し行うことがブランディングにつながるので、タイトルに統一感を持たせる方法もあります。	興味を引く動画は、動画タイトルも秀逸です。またそのタイトルをサムネイルにも表示することで視聴者を引きつけ、その動画を見たくさせるなど、視聴数を増やす方法として使用できます。

検索を意識するタイトルが大切

　小説や映画でもそうですが、タイトルはコンテンツを表現する大切な部分です。YouTubeはWeb上のコンテンツなので、さらに**「検索」や「関連動画」の紐づけというアクションを意識してタイトルをつける**ことも必要になります。

　テレビや書籍なら、コンテンツ内容を想起させるように「プロなら知っているあの方法」や「調理時間が短縮するそのしくみ」など、「あの」「その」とあえて抽象的な表現を使うことがありますが、YouTubeでは固有名詞ではなく指示語になるため、検索にヒットする確率が低くなってしまいます。

　YouTubeではキーワード検索にヒットすることを意識して、「プロが教える皮むきを簡単にする方法」とか「調理時間が短縮するキッチン用品収納のしくみ」といったように、**より具体的な表現でタイトルをつける**ようにします。

引きつけるキーワードを探す

　引きつけるキーワードは、カテゴリーに分けて考えると探しやすくなります。カテゴリーはあまり深く考えずに、自分なりの整理をしていくとタイトルがつけやすくなります。

　代表的なカテゴリーを3つ見てみましょう。

1 時間カテゴリー

「3秒で終わる」「5分で片づけ」など、時間情報をタイトルに入れます。テレビでも「3分間クッキング」という番組があるように、人を惹きつけるために定番で使われます。

時間をタイトルに入れるときに大切なのは、常識的な感覚を崩す時間であること。「え、こんな時間でできるの？」という驚きがあれば興味を引きやすくなります。さらにつけ加えるなら、**作業を短くするような解決型の時間標記だと、検索する人も多いので、効果的**です。

時間は文章では表現しにくい動画の強みなので、相性も抜群です。時間をタイトルに入れることで、動画の時間をさりげなく伝えることもできます。視聴者は動画の視聴に必要な時間がひと目でわかるので、視聴時間を気にするストレスがなくなります。

2 場所カテゴリー

YouTube、特にビジネス活用では、**場所の標記も大切なキーワード**になります。お店の情報を検索するとき、「美容室　街の名前」のように多くの人が検索します。このような検索に対応できるようにするには**場所の情報は欠かせません**。

地域に特化して視聴者を増やしていこうというときは**タイトルにも地域情報をしっかりと盛り込む**ようにしましょう。

3 専門用語・隠語カテゴリー

ある業界や仲間うちでだけ使われる言葉をキーワードにすると、より視聴者を絞れて自分のリーチしたい人たちに動画を見てもらえます。たとえばオタク用語で「PPPH」という言葉をご存知ですか？　これは「パンパパンヒュー」の略で、アイドルのコンサートで歌にあわせて手拍子（パンパパン）をしながら最後に「ヒュー！」と叫んでジャンプする応援方法のことをいいます。興味のない人には意味不明ですが、アイドルの応援が好きな人はこの「PPPH」で検索してさまざまな「PPPH」を研究しています。ということは、「PPPH」を入れることでアイドルに興味がある人にリーチしやすくなるわけです。

専門用語や隠語はいろいろなところで使われています。**動画を見てもらいたい人と共通の専門用語や隠語を見つけることができると、よりリーチ率が高くなります**。

もちろんこの3つ以外にも、カテゴリーとして整理できるものがあります。あ

なたと視聴者を結ぶ、共通の言葉を意識して探してみましょう。あなただけの引きつけるキーワードを見つけるコツがつかめるはずです。

流行のタイトルを参考にする

簡単にいうと「**他人のふんどし作戦**」です。

たくさん検索されているキーワードを参考に動画のタイトルをつけてしまおうというものです。

地元で開催される花火大会があるとします。その花火大会関連のタイトルは、はじまる前も終わったあとも開催日の前後数日で検索される回数が増えることが予想できます。居酒屋であれば「○○市花火大会の花火が見られる居酒屋」というような動画タイトルをつけてお店のPR動画をアップすれば、検索される確率が高くなります。

このように、検索されそうなキーワードを動画のタイトルに組み込んで視聴率を上げていきます。**どのような言葉が検索されているかについては、下記のサイトが参考**になります。

- Google トレンド
  https://trends.google.co.jp/trends/?geo=JP

● Google トレンドで「動画」を調べる

気になるワードを検索すると、どのような話題で検索されているかがわかります。

また、「YouTube検索」で気になるキーワードを入れてみて、視聴数の多い動画のタイトルを参考にすることもお勧めです。

　この方法なら、**検索に強いキーワードが探せるとともに人気動画の関連動画としてYouTubeに認識される可能性もあります。**

　あたりまえのことですが「他人のふんどし」とはいえ、自分の動画と関連性がないキーワードは入れてはいけません。せっかく検索されても動画の内容が違うものだったら、かえってブランドを下げてしまうことになります。常識を持って運用しましょう。

● YouTubeで検索したあとに「フィルタ」の「視聴回数」で並べ替えると、視聴回数の多い順に検索された動画を並べ替えることができる

初心者　中級　上級

絶対法則 43 「説明」欄に動画の説明を書く

タイトルと同じく大切なのが「説明」欄です。動画の内容を記載するだけでなく、誘導したいホームページなどのURL情報を記載したりと、自由にスペースを使うことができます。それだけに、必要な情報をどう表示するかを考えることが多くの視聴者をつかみ、YouTubeから外部へと誘導をする大切な流れとなります。

ビジネス	YouTuber
商品やサービスの説明、さらにはホームページや連絡先などをしっかり書き込むことで、動画だけでは伝えられない情報を視聴者に伝えることができます。	動画をつくった思いやきっかけ、動画の内容の要約など、動画の背景や動画のストーリーなどを書き込むことによって、動画の内容や見どころが視聴者に伝わり、引きつける力が一段と増します。

検索を意識した説明が大切

「タイトル」と同様、検索において大切なインデックスとなる「説明」は、動画をしっかりと視聴者に届けるためにも手を抜けない情報です。まず意識してほしいのが冒頭の文章です。動画のページにアクセスすると、**「説明」の項目はパソコンの画面では上部2行しか表示されない**ので、ほとんどの部分が折りたたまれていて、「もっと見る」をクリックしないとすべてを読むことができません。

● 「説明」は冒頭の2行しか表示されない

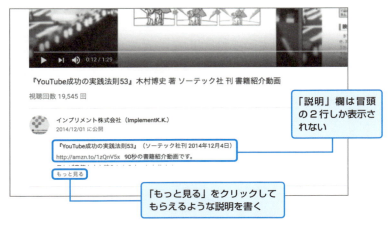

そのため**最初の2行**は、その下に書いてあることが読みたくなるように書くか、**2行で的確に動画について説明する**か、どちらかの工夫をしなくてはいけません。

同じような文章作成方法が、ダイレクトメールです。郵送された封筒を開封してもらうために「特別なプレゼントが入っています。」といったように開封することを促す文章を封筒表面に書きます。

このような文章を「**ティザーコピー**」といいます。ティザーとは日本語では「じらし」です。開けずにはいられないようにじらす文章を封筒表面に書くことで、開封してもらう確率を高めるわけです。YouTubeでも同じです。

説明にはさまざまな項目を盛り込めるので「もっと見る」をクリックしてもらいやすいコピーを冒頭2行にもっていくといいでしょう。

冒頭に「こんにちは。○○の△△です。」といったように、挨拶や定型文もいいですが、冒頭からいきなり動画のメインキーワードに触れるような文章を導入することも動画を見たくなる気持ちをそそり視聴につながります。

自社サイトへの誘導情報を忘れずに入れる

「説明」欄には多くの情報が盛り込めます。

その代表例が「**外部Webサイトへのリンク情報**」です。YouTubeのそのほかの情報入力項目には、外部Webサイトへのリンク情報を盛り込むことは難しいのですが、「**説明」欄には条件なくURLを書き込むことができます**。

自社Webサイトはもちろん、YouTubeにかぎらずニコニコ動画やVimeoなども含めたほかの動画サイトへのURL、ブログ、InstagramといったSNSへと、動画から次の導線をつくることができます。

パソコンでは「説明」の冒頭2行が表示されるので、ここに外部Webサイトへのリンク情報を表示することで、動画を見て「いい」と思ったらすぐクリックしてもらえると、次のアクションへつながります。

長い動画は「タイムコード情報」を入れると リーチしやすくなる

「説明」は情報を書き込むだけでなく、YouTube視聴者へのユーザビリティを高めるツールとしての機能もあります。

そのひとつが「**タイムコード情報**」です。DVDには、動画の内容にあわせてチャプターという区切りがあるので、早送りボタンなどで簡単に必要な情報の位置にアクセスできるようになっています。

しかしYouTubeは1本の動画データなので、動画に区切りをつけるチャプターという機能がありません。その代わりに**YouTubeでは、タイムコードで簡単に動画の位置情報をつかめる**ようになっています。

「説明」欄にタイムコードと区切りタイトルを書き込んでおくと、自分の知りたい情報がこの動画の中にあるのかないのか、あればその情報がどこにあるのか、そんな視聴者の気持ちに応えることができるようになります。

さらに「説明」はWeb上での検索のインデックスになるので、**区切りタイトルも検索をしっかり意識してつくると、タイトルに加えて強力な検索インデックスになります。**

こちらもあたりまえですが、タイトル同様に何でも書けるからといって、動画に関係ない情報や誤解を招くような表現を書き込んではいけません。YouTubeの利用規約に抵触し、ペナルティの対象になってしまうかもしれません。

● 「説明」欄にはさまざまな情報が書き込める

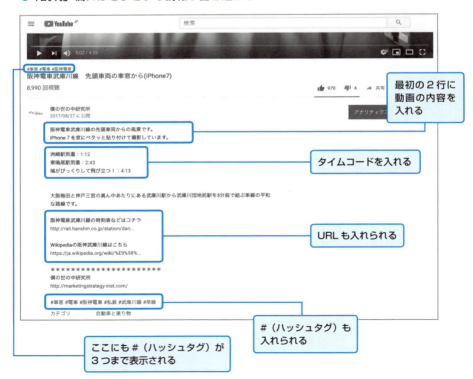

初心者　中級　上級

絶対法則 44 動画に「タグ」をつける

「タイトル」「説明」と同様、「タグ」も、検索や関連動画に影響する大切な情報です。「タグ」は「タイトル」や「説明」と違って、視聴者には表示されません。視聴者には見えませんが、YouTube 内では検索や関連動画の関連づけのためのキーワードとなるとても大切な役割を担います。またタグをうまく使うと、自分の動画同士で関連動画として紐づけることもできるので、自分の動画を視聴してもらった人に自分の動画も見てもらいやすくなります。

ビジネス	YouTuber
商品名やサービス名などの固有名詞だけでなく、商品やサービスのカテゴリーや使用方法など、幅広いキーワードをタグに設定することで、多くの視聴者に見てもらうことができます。	ニッチな動画は検索で気づいてもらうことが難しいですが、動画の内容にあう幅広いキーワードを探してタグに設定することで、ニッチな検索条件にヒットしたり、ほかのニッチな動画の関連動画となるなど、自分の動画の視聴者数を増やすことができるようになります。

タグは必ず検索を意識して設定する

「タグ」は視聴者には表示されないので、動画をアップロードする側も認識が低くなりがちですが、**キーワードとして、検索やYouTube内での動画の関連づけに使われるので、これらを意識したキーワードの選定と設定が必要**です。

手順1 右上のチャンネルアイコンをクリックして、ポップアップウィンドウの「YouTube Studio」をクリックする。

手順2 「動画」をクリックして、編集する動画を選択し「詳細」ボタンをクリックする。

手順3 「動画」の「詳細」「標準」の1番下の「タグ」欄にキーワードを入力して、「変更を保存」をクリックする。

入力方法も簡単で、キーワードを入力して Tab キーや Enter キーで決定すると、キーワードが四角で囲まれ、タグとして確定します。

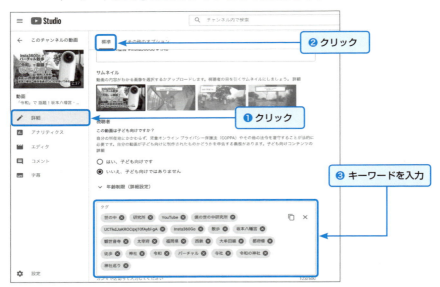

「タグ」に入力する情報は、検索に直結するキーワードです。**動画の内容を端的に表すキーワードや名前、場所など、具体的な情報を入れる**ようにしましょう。コツは、動画特有の言葉と一般的な言葉を組みあわせることです。

たとえば花火が間近に見られるレストランのオーナーが、自分のお店を紹介する動画をアップロードするとき、タグが「花火」だけだと具体的な関連づけが難しくなってしまいます。このようなときは、一般的な「花火」にプラスして「神宮前花火大会」というように、**具体的な情報を加え、よりピンポイントで検索されるようにして、近い動画に関連づけられるようにします**。

海外の視聴者をねらう場合は「ギター」と「Guitar」のように、日本語のキーワードと同じものを、英語などターゲットとしたい地域の言語でのキーワードでも入力しておきます。これで国内でも国外でも検索に強い動画となります。

タグの数はどのくらいがいい？

「1本の動画に、タグは何個設定すべきですか？」という質問をよくいただきます。インターネットでYouTubeのタグの数について検索してみても、タグの

数については「多いほうがいい」とか「少ないほうがいい」などさまざまな情報が飛び交っています。正解は、**YouTubeの検索アルゴリズムのしくみによるので明確な回答をすることはできない**のですが、大切なことは必要な情報を盛り込むことだとはいえます。

「YouTubeクリエイターハンドブック」ではタグについて「**動画の全体像を正確に伝えるのに必要なタグのみ使用します**」と書かれています。つまり**無駄なものは入れるな**ということです。

本書でも動画で伝えるキーワードは3つ以内がいいと書いたように、1本の動画に含まれる情報、特に全体像を伝えるキーワードは、常識的にはそんなに多くはありません。**まずは視聴者に何を伝えたいのかを整理しながら、10個程度で設定してみて、そこから必要に応じてキーワードを増やしていく**ようにしましょう。さらに設定にあたり、YouTubeクリエイターハンドブックには「動画のタイトルに含まれるキーワードもタグに入れます」と書いてあります。

これらの情報と検索を意識してキーワードを設定していくと、動画をうまく表現したタグができあがります。なおタグのキーワードは1つの単語である必要はありません。個人の名前のように「木村　博史」と、姓と名など複数の単語からなるタグについては「木村　スペース　博史」と入力し、確定させることで1つのタグとして認識されます。

● タグの例

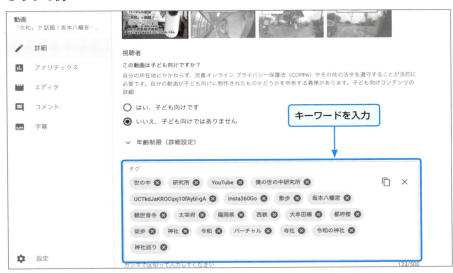

似たような動画のタグを参考にする

　YouTubeで視聴数を増やす導線として、YouTube視聴時に画面右側のサイドバーに関連動画として表示される方法があります。別の動画を見たあとに、お勧め動画として紹介されるかが大きなキーになるということです。

　何が関連動画であるかをYouTubeが判断するのにあたり、「タグ」がキーになっているようなので、人気のある同種の動画と同じ「タグ」を使うことで、その動画のカテゴリーに興味のある視聴者の目に留まりやすくなり、視聴してもらえる確率が高くなります。

　「タグ」は画面に表示されないので、通常は人気動画の「タグ」を見ることはできませんが、**YouTube動画のページのソースを見ることで、その動画の「タグ」を確認することができます。**

YouTube動画のタグの確認方法（Google Chrome）

　ここでは、Google Chromeを用いたYouTube動画のタグの確認方法をお話しします。ページのソース表示は使用しているブラウザによって異なるので、各ブラウザごとのソース表示を参照してください。

手順1　YouTube動画ページで「ページのソースを表示」をクリックする。

手順2 ページのソース画面が表示されたら、ページ内検索で「keywords」で検索し見つける。

「<meta name="keywords" content=……」の部分で動画のタグを確認することができます。ページ内検索は、Mac：`command`＋`F`、Win：`Ctrl`＋`F`でできます。複数ヒットした場合はmeta情報以外の個所で確認します。

この部分でキーワードが確認できる

自分のチャンネルタグを埋め込んで自分の動画で回流させる

　ここまでは、検索で動画を見つけてもらったり、ほかの動画から関連動画として見にきてもらうことを考えたタグの設定でした。さらに**自分の動画を見てもらったあとに、また自分のほかの動画を見てもらうことも視聴者を獲得するためには大切なこと**です。この自分の動画による回流づくりにタブをうまく使います。

　自分がアップロードするすべての動画を関連させるキーワードは、同じチャンネルにアップされている動画ということです。これをタブで表現するために、**すべての動画のタブに「チャンネル名」と「チャンネルURLの固有部分」を設定する**ようにします。「僕の世の中研究所」というYouTubeチャンネルなら、「僕の世の中研究所」というチャンネル名とチャンネルのURLの固有部分「UCTkdJaKROCqxj10fAybI-gA」（「https://www.youtube.com/channel/UCTkdJaKROCqxj10fAybI-gA」のうちの「channel/」以下）、の2つの情報がYouTubeチャンネルを特定する部分なので、これらをタグに埋め込みます。

　これらチャンネル特定のタグはすべての動画に共通なので、 絶対法則49 で説明する「アップロード動画のデフォルト設定」で設定しておけば、アップロードする動画すべてに自動的に付与され、設定忘れもなく便利です。

初心者　中級　上級

絶対法則 45 動画のサムネイルを設定する

映画でもドラマでも、内容をイメージ喚起させてくれるタイトル画面があります。YouTube で、この役割を担うのが「サムネイル」です。サムネイルは動画のイメージの切り出し画像として、さまざまなところで使用される動画の顔のようなものです。YouTube ではデフォルトでサムネイルが設定されますが、より自分の想いを反映させるならば、工夫したカスタムサムネイルに変更するようにしましょう。

ビジネス	YouTuber
統一感のあるサムネイルで、ひと目で特定してもらえるようになれば、VI（ビジュアル・アイデンティティ）の面からも好ましいアプローチができるとともに、ブランディングにもなります。	カスタムサムネイルでタイトルをはっきりさせたサムネイルは、YouTube での視聴数を伸ばすためには必須で、YouTuber として必ず対応しておきたいことです。さらにサムネイルに統一感を持たせることで、チャンネルとしてのブランディングにもつながります。

サムネイルをカスタマイズして動画のイメージを伝える

　YouTube に動画をアップロードすると、動画の中から自動的に3つのサムネイル候補がつくられ、そのうちのひとつがデフォルトのサムネイルとして設定されます。この3つのサムネイルは、動画の編集画面で簡単に変更できます。もちろんこの3つの中から選択することによってサムネイルを決めてもいいのですが、3つのサムネイルは自動抽出されたものなので、より自分のイメージに近いサムネイルにしたいときは、「**カスタムサムネイル**」※機能を使ってオリジナル画像をサムネイルにします。

※ カスタムサムネイルは、チャンネルの確認（絶対法則39）が完了していないと設定できません。

　アップロードできる画像のファイル形式は、JPG、GIF、BMP、PNGの4種類で2MB以内となります。カスタムサムネイルの画像はWebサイトに埋め込まれるYouTubeプレイヤーのプレビュー画像としても使用されるので、できるだけ解像度のいいものにしましょう。画像サイズは1,280×720pix、72dpi以上の解像度にします。また、YouTubeプレイヤーのプレビューを意識して、16：9のアスペクト比（縦横比）を基本にしましょう。

カスタムサムネイルは動画のアップロード時にも設定できますが、ここではアップロード済みの動画へのカスタムサムネイル設定で説明します。

手順1 右上のチャンネルアイコンをクリックして、ポップアップウィンドウの「YouTube Studio」をクリック、「動画」をクリックして、編集する動画の「編集」ボタンをクリックする。

手順2 「サムネイル」に4つ並んだサムネイル候補の一番左にある「サムネイルをアップロード」をクリックして、サムネイルに使うファイルを選択して「開く」をクリックする。

手順3 アップロードされた画像を確認して、右上の「保存」をクリックする。

サムネイルは動画と違っても大丈夫

サムネイルのつくり方には、大きく3つの考え方があります。

❶ 動画をチラ見させるため、動画の一部を切り出してサムネイルにする

❷ タイトルをはっきりと表示させた動画のサムネイルにする

❶は、YouTubeの自動生成の3つのサムネイルの任意選択版です。視聴者にどんな動画の雰囲気なのかをひと目で伝える1シーンを切り出します。

それに対して❷は、動画ごとにタイトルをはっきりさせ、どんな動画かをしっかり主張するサムネイルです。画像ソフトなどを使って動画ごとに作成します。

シリーズ物で関連する動画を続けてアップロードしていくのなら❷のサムネイルによるタイトルイメージの共通化がお勧めです。テレビ番組がそうですが、共通のオープニングはファンファーレのような位置づけになり、シリーズ物としてあるいは制作者単位で顔を持つものになります。

3つ目のカスタムサムネイルをつくるシンプルな方法は、**アップロードした動画から、サムネイルとして使いたい部分を画像としてキャプチャする**ことです。

このキャプチャした画像を「カスタムサムネイル」として使えば、簡単に自分のイメージに近いサムネイルが設定できます。

YouTuberのようなサムネイルをつくる

サムネイルは、視聴者が動画を見たくなるもののほうが視聴数が伸びます。**サムネイルで大切なのは、「タイトル（文字）」と「アイテム（動画の主役となるもの）」の2つをはっきりさせることです。** タイトルとアイテムが入っているだけのサムネイルとYouTuberが選ぶような動画の中からシーンを切り出したものとでは、YouTuberのようなサムネイルの動画のほうが視聴数が伸びます。

初心者 中級 上級

絶対法則 46
限定公開と非公開で動画をチェックする

YouTubeには動画公開のステータスが「公開」「限定公開」「非公開」と3つあります。もともとは個人の動画をどの範囲まで公開するかのプライベート設定でしたが、公開範囲を限定できることからビジネスでも便利な使い方ができます。ここではそれぞれの設定の内容を把握して、公開範囲を上手に使いこなせるようになりましょう。

ビジネス	YouTuber
動画を「限定公開」もしくは「非公開」での招待制にすれば、アップロードした動画を「公開」にする前に関係者で動画の内容をチェックすることができるなど、運営管理がしやすくなります。	「限定公開」と「非公開」での招待制を上手に使えば、会員やファンなど、特定カテゴリーの視聴者にのみ動画を公開することができるなど、動画マーケティングのツールとして活用できます。

「公開」「限定公開」「非公開」「公開予約（スケジュール設定済み）」の各設定について

　YouTubeにアップロードするときに、必ず設定しなくてはいけないのが「公開範囲」です。「公開」「限定公開」「非公開」と3つのステータスがあり、いずれかの設定をしなくてはいけません。さらに動画アップロード時と「非公開」の設定のときには「**公開予約**」（スケジュール設定済み）という指定した時間に自動的に「公開」設定に変わるしくみがあります。

1 公開

　Web上に動画が公開されるステータスです。検索の対象にもなるし、YouTubeアカウントを持っていない人でも視聴することができる、オールアクセス状態の設定です。

2 限定公開

　「限定公開」は、その動画のURLを知っている人だけが視聴できるステータスです。「限定公開」にするとYouTube内も含めて検索にヒットしませんし、YouTubeチャンネルや関連動画などの公開ページにも表示されなくなります。そのため**視聴してほしい人だけにその動画のURLを案内することで、URLを知っている人にだけ視聴してもらうことができる**ようになります。公開前にYouTubeでどのように動画や概要が見えるのかをチェックしたり、共同制作者やパート

ナーとYouTube上で動画を確認することができます。

　このように、パートナー間などでの確認に便利なしくみですが、気をつけなくてはいけないのは、URLを知っている誰かがその動画のリンクを第三者に転送すれば、その人も動画を視聴することができるということです。

　「限定公開」は、検索やチャンネルからは表面的に見えなくなりますが、実際にはWeb上に存在します。ということはYouTubeアカウントを持っていない人でも動画を視聴することができてしまうということです。

　またそのURLをSNSなどで紹介されてしまうと、限定公開であるにもかかわらずWeb上で見つけられる場所に表示されることにもなってしまいます。

　このようなリスクはありますが、**会員だけに動画を視聴させたいなど、動画に視聴制限をかけた運用をするうえでは大変便利なステータスなので、リスクに注意しながら使用する**ようにしましょう。

3 非公開

　「非公開」は「限定公開」よりも厳しい管理で、自分と自分がメールアドレスで指定したユーザーのみが動画を視聴できます。YouTube内も含めて検索にヒットしません。YouTubeチャンネルや関連動画などの公開ページにも表示されません。「非公開」の動画を共有するには、「YouTube Studio」の「動画」で、共有したい動画の「情報と設定」欄からメールアドレスで招待します。

　そのため**「非公開」の動画は、視聴を認めた人が第三者にURLを伝えたとしても見ることができません**。企業情報や漏れてはいけない情報を扱うときは、この「非公開」のステータスで動画を共有するのがいいでしょう。

● 「非公開」ボタン下の「共有」をクリックし、視聴を認めるユーザーのメールアドレスを登録することで特定の視聴者のみに視聴を許可（共有）できます。

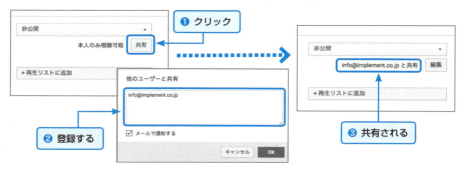

必ず、公開前に動画を確認するクセをつける

　YouTubeに動画をアップロードすると、YouTubeの動画データ形式に変換が行われます。そのため**アップロード前にパソコンやスマートフォンなどで確認していた動画と解像度や音の大きさなどが異なり、違和感のある動画になってしまう**ことがあります。

　このような見づらい動画の公開を未然に防ぐためにも、基本的にはいきなり「公開」の設定で動画をアップロードすることはお勧めしません。

　アップロードされた動画がどのように見えるかは「限定公開」か「非公開」に設定しておけばYouTube上で自分だけで確認することができます。

　上記以外にも、解像度が低くてYouTubeプレイヤーの中心にのみ動画が表示されて、プレイヤーと動画の間が黒枠のようになったり、音声が思いのほか小さくて聞き取れないといった事象が起きがちです。

　このような事象は、視聴者に不快感を与えるので公開前に取り除いておく必要があります。そのためにも**「限定公開」もしくは「非公開」の設定にして、視聴者と同じYouTube表示で確認してから、「公開」のステータスに変更する**ようにします。

　アップロードした動画を公開前に責任を持って確認することは、YouTube運営者にとっての最低限のエチケットです。確認するところは動画だけではありません。

　「概要」にはデフォルトで2行しか表示されないので、その2行にしっかり伝えたいことが入っているか、後述するカードなどYouTube上でつけ加えた情報がきれいに表示されているか、間違ったリンクになっていないかなど、**YouTubeユーザー側になってアップロードされた動画を確認することは、動画が自分の考えたとおりの働きをしているかどうかのチェックにもなります。**

スマホで YouTube 動画を管理する「YouTube Studio」アプリ

　スマートフォンの普及で、パソコンは持たずに何でもスマホで対応する人が増えてきました。こういう人は YouTube 動画の管理もスマホでやりたいでしょう。そのようなときに使うアプリが「YouTube Studio」です。このアプリは「YouTubeStudio」の機能をアプリにしたもので、動画の公開設定、タイトルや説明などのテキストの変更、アナリティクス、収益状況の確認などがスマホで行えます。

　YouTube 公式の無料アプリですが、使用している人は少ないようです。動画の設定が YouTube 運営にとても大切だということは、わかっていただけたと思います。スマホアプリなので、出先などでも気がついたときにすぐ修正できたり状況がわかったりする便利なアプリですから、ぜひダウンロードして活用ください。

● **iTunes**

https://itunes.apple.com/jp/app/youtube-studio/id888530356

● **Google Play**

https://play.google.com/store/apps/details?id=com.google.android.apps.youtube.creator

初心者 中級 上級

絶対法則 47 YouTubeの編集機能を使う
カット、テロップ、背景音の追加

YouTubeには、動画を視聴するためのプラットフォームとしての機能だけでなく、動画を編集する「動画エディタ」という機能もあります。しかも操作方法、処理内容、音楽などの使用可能な素材など、パソコンにインストールされる動画編集ソフトにも負けない機能になっています。この機能をうまく使えば、通常の編集はもちろん、出先でもYouTube上で編集することができて便利です。

ビジネス	YouTuber
イベントなどでいち早く動画を公開したいときに、一定のクオリティを確保した動画にするにはYouTubeの編集機能が役立ちます。	YouTube編集機能のよさは、スピード感です。「撮って出し」のようなスピード感のある情報のアップロードには、欠かせない機能です。

■「動画加工ツール」の使い方

　YouTubeの編集機能である「**動画加工ツール**」は、YouTube上で動画の編集ができるクラウド型の動画編集ソフトと考えるとわかりやすいでしょう。そのため、場所、PCのスペック、OSを問わず、YouTubeにアクセスできれば使用できるので、出先で急いで編集するときなどには大変便利な機能です（スマホアプリではできません）。

　「動画加工ツール」はYouTubeにアップロードされた動画を編集する機能なので、すでにYouTubeにアップされている動画を再編集するときも、PCで編集し直して再度YouTubeにアップするのではなく、YouTube上で編集したものがそのまま反映されます。よって手軽さと時間の短縮にもなり、さらに動画視聴数も維持できるので、大変便利な機能です。

　使い方はいたって簡単で、YouTubeにログインしていれば、次のように起動して動画を編集することができます。

手順1 YouTubeにログインしたら、「YouTube Studio」から「動画」で、編集したい動画の「詳細」ボタンをクリックする。

手順2 左側にあるタブから「エディタ」をクリックする。

手順3 「動画エディタ」画面が開く。

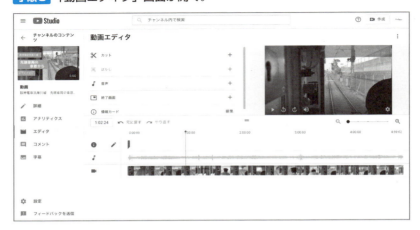

カットは簡単にできる

　アップロードしている動画の不要な部分をカットしたいときに、編集ソフトで再編集して再アップすると、過去の動画視聴数がゼロクリアされてしまいます。こんなときは、「動画エディタ」の「カット」機能を使いましょう。YouTubeにアップロードされている状態はそのままで、不要な部分をカットすることができます。編集しても視聴数には影響がありません。

手順1 タイムライン上でカットしたい位置までカーソルを移動させる。

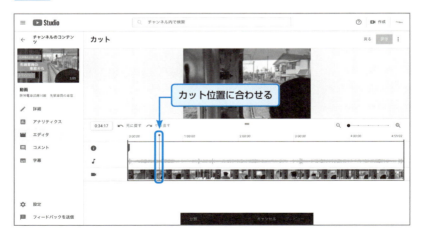

手順2 分割したい位置にカーソルを持っていったら、画面下部に表示される「分割」をクリックする。

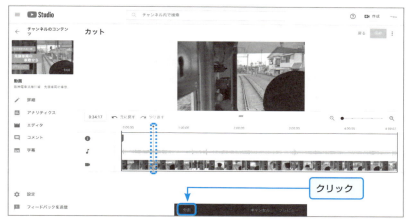

手順3 タイムラインの青枠をカットしたい位置まで移動させて、画面下部の「プレビュー」をクリックしカット位置を決定させます。

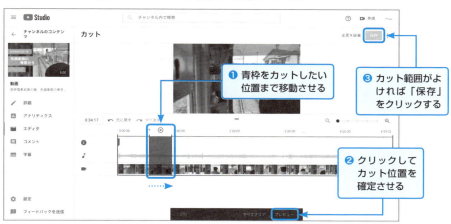

YouTubeで提供されている音を加える

　動画に使用する音楽は、著作権に抵触して使用できないなど制約が多いため、選択に苦労します。そういうときは、YouTubeに用意されている大量の音楽データが役に立ちます。

　音声も「動画エディタ」の「＋音声」のタブが新規で立ち上がるボタンをクリッ

クし、別タブで開く旧クリエイターツールの音楽設定ページで作業します。

映像にセリフが入っているときは、背景音が大きすぎるとセリフが聞こえなくなってしまいます。このようなときは、「音声の位置決め」ボタンの左にあるボリュームつまみで音量の調整をします。

また、「音声の位置決め」ボタンをクリックするとタイムラインが表示されるので、音楽を挿入する部分と挿入しない部分をつくるなど、凝ったBGMの設定ができます。

● YouTubeにアップロードしたあとでも音楽は加えられる

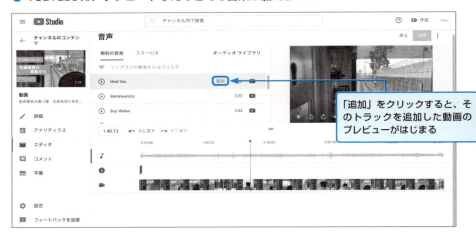

「追加」をクリックすると、そのトラックを追加した動画のプレビューがはじまる

顔や見られたくないものにモザイクをかける

「動画に写り込んでいる人がいますが、本人の承諾なしに動画を公開してもいいですか」という質問をよくいただきます。**基本的には、背景などで写り込んだものは人であれ建物であれ景色なので公開しても構いません**。ただ法律的な問題と感情の問題は違うので、写り込んだ人が不快に感じるのであれば公開しないほうがいいでしょう。とはいえ撮ったものをどうすることもできず…、と悩んでしまいます。

このようなときはYouTubeの「動画エディタ」のタイムラインにある「**ぼかしを追加**」を使いましょう。いわゆるモザイクですが「**顔のぼかし処理**」と「**カスタムぼかし**」の2種類があります。「顔のぼかし処理」は「編集」ボタンをクリックすると自動で顔を認識して顔の部分にぼかしを入れてくれます。ただ横を向く

と顔と判定せずぼかしが外れたり、かけたくない人にもぼかしがかかってしまっ
たりと**精度としては使用に耐えかねるところがあるので、「カスタムぼかし」を
使ってかけたいところにぼかしをかけていく**ほうがいいでしょう。

● YouTubeにアップロードした動画に「ぼかし」を入れる

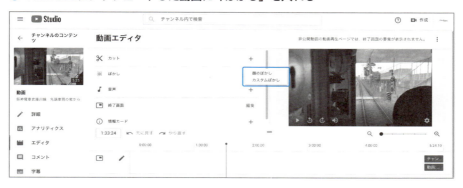

「カスタムぼかし」の「編集」をクリックすると、タイムラインが表示されます。
次に動画のぼかしたい位置を選択します。
　選択すると、そこにぼかしの四角形が現れます。この四角形のサイズとタイム
ライン上でどこからどこまでぼかしを表示するのかを設定してあげることで、自
分がかけたいところにぼかしを入れることができます。
　**あまり多用することはお勧めしませんが、どうしてもというときはこの「ぼか
し効果」を使って対応する**ようにしましょう。

●「カスタムぼかし」でぼかしを入れたいところだけに入れる

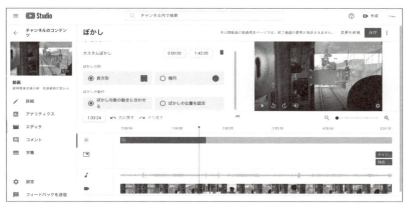

字幕機能で世界デビュー

　YouTubeはグローバルなサービスなので、国内だけが視聴者のターゲットではありません。日本の文化を外国の人にリポートする動画などもたくさんアップされています。あなたもYouTubeなら海外に向けて情報を簡単に発信できますが、困るのが言語です。言葉が通じなければそもそも伝わりません。

　そんなときはYouTubeの「**翻訳**」機能を使ってみましょう。「YouTubeStudio」の左側にある「動画」で**各動画の「詳細」をクリックし、「その他のオプション」のところにある「他の言語を管理するには字幕に移動」の「字幕」**をクリックします。ここをクリックすると字幕設定画面になり、そこに**「視聴者への翻訳依頼」**という項目があります。**デフォルトは「無効」ですが、ここを「有効」にすると、どこかのYouTubeユーザーが字幕協力ということであなたの動画に字幕をつけてくれます。**

● YouTubeユーザーが自分の動画を翻訳してくれる

初心者 中級 上級

絶対法則 48

YouTubeのカードと終了画面機能を使う

YouTube動画上で次のアクションに誘導するリンクがあると、視聴者を直感的に動画から次のアクションに移すことができ魅力的です。この機能を担うのが「カード」です。また動画終了のタイミングには終了画面機能が次へのアクションに効果的です。効果的なカードや終了画面を使い、動画から次のアクションに移ってもらいやすいようにしましょう。

ビジネス	YouTuber
動画を視聴してもらったあと自社のサイトに誘導するのに、カードや終了画面は効果的なツールです。	いい動画だと思ってもらいその勢いでチャンネル登録に誘導するには、動画上に表示されるカードやほかの動画に誘導できる終了画面は効果的なツールになります。

カードを使ってチャンネルや動画に誘導する

　動画上に付箋のように外部サイトやほかの動画へのリンクを張れる「**アノテーション**」という機能が、スマホ視聴に非対応だったこともあり、廃止になりました。その代替の機能として登場したのがこの「**カード**」です。

　カードを使うと、自社Webサイトやチャンネルのほかの動画へ誘導することができます。

　カードは、動画の右上に ⓘ マークがついた小さな長方形が表示され、これをタップまたはクリックすると、動画に関連づけられたカードが右横（モバイル端末を縦向きにしている場合は動画プレーヤーの下）に表示されます。

　カードは下記のように設定します。

手順1 YouTubeにログインしたら「YouTube Studio」から「動画」で、カードを設定したい動画の「詳細」ボタンをクリックする。

手順2 画面右側にある「カード」をクリックする。

手順3 動画下のタイムラインでカードを表示させたい位置までカーソルを移動し、右にある「カードを追加」をクリックする。

`手順4` カードは下記4つから選ぶ。

❶ **動画**：動画を宣伝します
❷ **再生リスト**：再生リストを宣伝します
❸ **チャンネル**：ほかのチャンネルを宣伝します
❹ **リンク**：ウェブサイトへのリンク

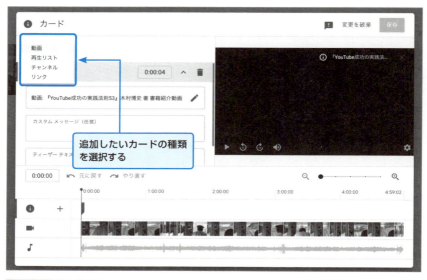

追加したいカードの種類を選択する

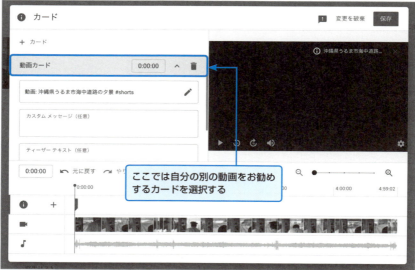

ここでは自分の別の動画をお勧めするカードを選択する

カードは動画にあまり影響を与えない表示になりつつもパソコンでもスマホでも使用できるようになりました。**動画からの次の導線のためにも積極的に活用しましょう。**

終了画面を活用する

　動画の終了時に次へのアクションを促す機能として「**終了画面**」があります。終了画面では「**YouTubeのその他の動画、再生リスト、チャンネルへの誘導**」「**チャンネル登録の誘導**」「**ウェブサイトなどへの誘導**」ができます。

　終了画面は動画の最後の5～20秒で表示設定できます。そのため25秒未満の動画には設置できません。また25秒以上の動画でも終了画面の表示時間を意識した動画にしておかないと設置しにくいので、編集時点から終了画面を使用することを意識した動画にしておくことが大切です。

　終了画面は下記のように設定します。

手順1 YouTubeにログインしたら、「YouTubeStudio」から「動画」で、終了画面を設定したい動画の「詳細」ボタンをクリックする。

手順2 画面右側にあるタブから「終了画面」をクリックする。

手順3 動画下のタイムラインでカードを表示させたい位置までカーソルを移動し、右にある「要素の追加」をクリックする。

手順4 終了画面は下記4つから選ぶ。要素は最大4つ追加できるが、そのうち1つは動画または再生リストにする必要がある。

　　❶ **動画**：動画を宣伝します
　　❷ **再生リスト**：再生リストを宣伝します
　　❸ **チャンネル登録**：チャンネル登録をすすめます
　　❹ **チャンネル**：ほかのチャンネルを宣伝します
　　❺ **リンク**：ウェブサイトにリンクします

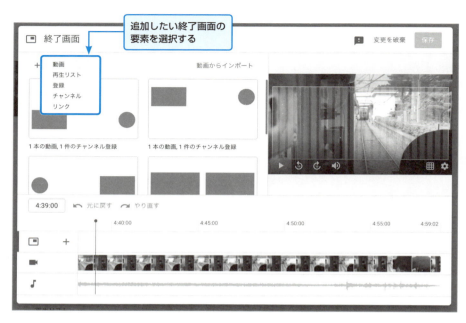

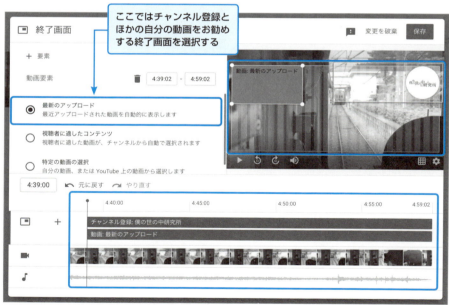

初心者　中級　上級

絶対法則 49

チャンネルの「アップロードのデフォルト設定」で作業を楽にする

動画に情報を設定する方法をお話ししてきましたが、毎回アップロードごとにこれらの作業をすると大変ですし、設定を忘れてしまう項目も出てくるかもしれません。そうならないように、動画に共通で設定したい情報については、動画アップロード時のデフォルト設定をしておくことで、アップロードした動画に自動的に情報が設定されるようになります。

ビジネス	YouTuber
複数の担当者で動画をアップロードすると、設定内容にムラが出たりします。こうならないようにデフォルト設定をしっかりしておくと、効率化かつ均一化がはかれます。	日々動画をアップするたびに、細かい設定をするのは面倒です。事前にデフォルト設定をしておくことで効率化をはかりましょう。

動画に共通の情報は1度設定すればいい

　見られる動画にするためには、動画への情報設定をたくさんしなくてはいけません。この作業を効率的にできるようにするのが「**アップロード動画のデフォルト設定**」です。

　特に、タグや説明欄に入れる特定のリンクなど、導線や検索のために必要な情報は設定漏れがないように、事前にデフォルト設定をしておくことをお勧めします。

　なお、デフォルト設定はアップロードしたあとに、各動画で修正することができるので、設定する可能性が高い情報はあらかじめ設定しておきましょう。

アップロードのデフォルト設定

　YouTubeにログインしたら「YouTube Studio」から画面左側にある「設定」「アップロード動画のデフォルト設定」をクリックします。

　主な設定内容は次頁のものになります。

タイトル	「【メイクの小技】○○○○」のようにすべての動画に共通の頭出しをつけたい場合は、頭出しの「【メイクの小技】」だけをデフォルト設定しておきます
説明	Webサイトへのリンクや住所、ハッシュタグなど、説明欄に毎回決まって記載するものは、ここに事前に設定しておきましょう
公開設定	「公開」「限定公開」「非公開」から選択します。いきなり「公開」にならないように「限定公開」か「非公開」をデフォルトにして、動画や設定の確認をしてから「公開」にするのがお勧めです
タグ	絶対法則44 でお話ししたすべての動画に入れておくべきチャンネル情報のタグや名称などは、デフォルトで設定しておくと便利です。なお、ここではタグをカンマではなく、スペースで区切ります
カテゴリー	デフォルトでブログになっていることが多いですが、ハウツーなどアップすることの多い動画カテゴリーに設定しておきましょう
動画の言語	国内での視聴をメインにしたい場合は「日本語」と設定しておきます
視聴者への翻訳依頼	YouTubeユーザーが字幕協力ということであなたの動画に字幕をつけてくれます
コメントと評価	ビジネスユースの場合は、コメントを受けつけない設定にすることが多いですが、このような場合はここで設定しておきます

Chapter - 4

YouTubeを
徹底活用する

YouTubeアナリティクスによる定量分析から、SNSによる効果的な拡散方法、さらにはGoogleAdWordsやGoogleAdSenseによる動画活用法まで、YouTubeを徹底活用するために必要な「ツナガル」を、最大限に発揮するための方法をお話しします。

初心者 中級 上級

絶対法則 50 YouTubeアナリティクスで状況を把握する

YouTubeにアップロードした動画がどのように見られているのか、定量的に分析するために、YouTubeにもアナリティクス機能があります。アップロードした動画が見てほしい人にリーチしているか、しっかり伝わるものになっているか、目標の視聴状況になっているかなど、状況を正しく把握してより確実に伝わる動画にしましょう。

ビジネス	YouTuber
しっかりとクライアントに届いているか、視聴数だけでは把握できない情報を分析することができ、確実にターゲットに届く動画にしていくことができます。	視聴者数だけでなく、視聴地域や年齢層、さらには視聴者維持率など、コンテンツターゲットを分析することにより、ウケのいい動画をつくることができます。

YouTubeアナリスティクスで状況を把握する

　YouTubeでの視聴状況を把握できるツールがYouTubeアナリティクスです。Webサイトの閲覧状況把握に使われるアナリティクスのYouTube版として、YouTube自体にアクセス解析機能が実装されていて、動画の再生時間、再生地域、視聴者の性別など、視聴状況を詳しく調べることができます（以下、YouTubeアナリティクスを「アナリティクス」とします）。アナリティクスは「YouTube Studio」ページの左側にあるタスクバーから「アナリティクス」をクリックすると表示されます。YouTubeにログインしていれば、次のURLから直接アナリティクスの概要のページ（https://www.youtube.com/analytics）にアクセスできるので、「お気に入り」に登録しておくと便利です。

　アナリティクスを使うとさまざまな数値で視聴状況が確認できるので、客観的に動画の視聴状況を分析することができます。アナリティクスは大きく「**概要**」「**リーチ**」「**エンゲージメント**」「**視聴者**」「**収益**」の5つに分かれています。

YouTubeアナリティクスの使い方

手順1　「YouTube Studio」の左側タスクバーの「アナリティクス」をクリックする。

手順2　「概要」「リーチ」「エンゲージメント」「視聴者」「収益」の各項目を表示させる。

主な指標の見方

1 概要

名前のとおり、再生回数や再生時間など全般的な情報が表示されます。YouTube視聴状況の全体像を把握することができます。

2 リーチ

リーチは、動画への流入経路であるトラフィックソースやYouTubeに動画が表示された後に、どれくらいの方が実際に視聴したかがわかるインプレッションなどが確認できます。

3 エンゲージメント

エンゲージメントは、チャンネル、動画、再生リストごとの再生回数や終了画面、カードのクリック数などが表示されます。動画は再生回数が多い順番に表示されるので、人気動画のランキング確認としても使用できます。

● 再生回数レポートに表示される情報

再生時間	各動画ごとの総再生時間などが確認できます
平均視聴時間	動画が視聴者の注目をどの程度キープできたか、総再生時間や平均再生時間などで確認できます。チャンネル内の全動画の平均視聴時間と平均再生率が表示されます。また表示された動画名をクリックすると、動画ごとに数値が確認できます。動画ごとの場合は、プレーヤーで再生しながら動画の各時点での視聴者維持率を確認することができるので、どこで視聴率が落ちているのかを直感的に確認することができます

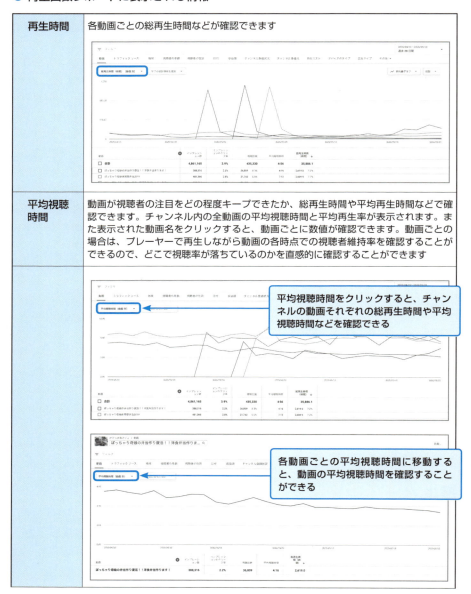

平均視聴時間をクリックすると、チャンネルの動画それぞれの総再生時間や平均視聴時間などを確認できる

各動画ごとの平均視聴時間に移動すると、動画の平均視聴時間を確認することができる

視聴者の年齢／視聴者の性別	YouTube を視聴しているログインユーザーの登録データから、視聴者の年齢層と性別の分布データが表示されます 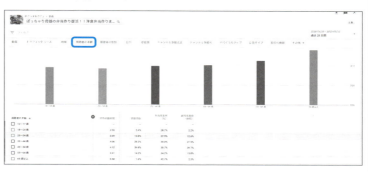
再生場所	動画が再生されたページやサイト、端末を確認できます。再生場所は、YouTube の動画個別ページで視聴されたときの「YouTube 動画再生ページ」と YouTube のどこで視聴されたか確定できない「YouTube の他のページ」、YouTube チャンネルページで視聴されたときの「YouTube チャンネルページ」、ホームページやブログなど外部 Web サイトに埋め込まれたプレーヤーで視聴されたときの「外部のウェブサイトやアプリの埋め込みプレーヤー」があります 

トラフィック ソース	視聴者が動画にたどりつくために使用したものが、検索サイトなのか、YouTube 検索なのか、関連動画からなのかなどの経路が確認できます

デバイス のタイプ /OS	ユーザーが動画を視聴するときに使用した、端末やオペレーティングシステム（OS）に関する情報が確認できます。パソコン、携帯電話、タブレット、不明、ゲーム機の分類で、動画が再生された回数と推定再生時間が表示されます。また「端末のタイプ」では Windows と Macintosh、iOS と Android のように、視聴した端末の OS に関する詳細情報が表示されます。反対に「OS」を基本に数値を確認したいときは、グラフの左下にある「端末のタイプ」を「OS」に切り替えると各 OS ごとの視聴状況が確認でき、「OS」に表示された「Windows」などの項目をクリックすると、パソコンやタブレットなどの端末情報ごとの数値を確認することができます
	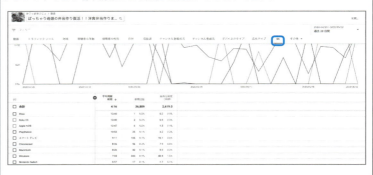
	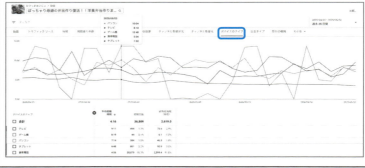

4 その他「詳細」レポート

上記のほかにも、動画視聴者の評価、コメント、お気に入り登録などのアクションについての数値など、「詳細」レポートから様々な数値が把握できます。

● 「詳細」に表示される主な内容

チャンネル登録者	登録者数の増減が確認できます。登録者はコンテンツへの関心が高い人なので、定期的に動画を再生する傾向があることから、登録者数獲得目標を達成できているかどうか、登録や登録の解除に影響を与えている動画の情報を把握することなどができます
高評価数 / 低評価数	視聴者が動画につけた高評価と低評価の数を確認できます
再生リスト	あなたの動画が視聴者の再生リストに追加された回数や削除された回数などを確認できます
共有サービス	YouTubeの「共有」ボタンを使って動画がシェアされた回数とユーザーがシェアに使用したSNSなどのWebサイトの情報が表示されます
カード	動画のカードに視聴者がどのように反応しているかがわかります
終了画面	終了画面に視聴者がどのように反応しているかがわかります

5 収益

「**収益受け取りプログラム**」に参加していてAdSenseのアカウントと関連づけていると、チャンネルおよび動画の収益に関する情報が表示されます。いずれの数値も収益額の確定前にさまざまな調整が行われるため、実際の収益額と推定収益額は一致しないので、参考情報としてとらえるようにしましょう。

アナリティクスは多様な分析が可能なだけに、数値の情報や表示方法も複雑になります。また、ほかにもたくさんの数値計測の項目が用意されているので、詳しい操作方法や各数値の説明は「YouTubeヘルプ」で確認してください。

初心者　中級　上級

絶対法則
51

動画にリーチさせる ❶
SNSと連携させる

YouTubeにアップした動画を、多くの人に告知する方法として効果的なのがFacebookやLINEなどのSNSです。SNSのタイムラインを通じて、人と人とを介するしくみがYouTube動画を広く拡散させていきます。YouTuberはもちろん、ビジネスユースでも、SNSでの拡散は欠かすことのできないしかけになっています。

ビジネス	YouTuber
ビジネスに使うSNSのコンテンツとして、YouTube動画は親和性がよく、商品説明からイベント告知まで、幅広く利用できます。	YouTuber成功の基本は、SNSの活用による拡散といっても過言ではありません。SNSによる拡散で、YouTuberとして勢いをつけましょう。

YouTubeの弱点を補完してくれるのがSNS

　SNSにはLINE、Facebook、Twitter、Instagram、TikTokなど数多くのサービスがあり、いずれもインターネット上での交流を目的としています。あまり意識されていませんが、YouTubeも自分のコンテンツを多くの人に見てもらいコメントを書いてもらったりするSNSです。**利用者のYouTubeがSNSとの意識が薄いのは、動画を見るためのプラットフォームとしてYouTubeをとらえているから**でしょう。しかしYouTubeがほかのSNSと異なるイメージを持たれていることは、裏返せばメリットにもなり、ほかのSNSと機能が重ならないので、ほかのSNSと親和性が高く、連携できることにもなります。さまざまなSNSでのつながりの中で、うまく動画コンテンツとして入り込んでいければ、より多くの人に動画を知ってもらうことができます。

YouTubeの動画をSNSでシェアさせる方法

　動画をSNSで拡散していく方法は、動画の管理者でも視聴者でも基本は同じです。友だちにお願いして動画をSNSで拡散してもらうときも同じことをしてもらうことになるので、その方法をうまく伝えられるようにしておきましょう。多くのSNSで、YouTube動画のリンクURLをSNSのタイムラインに書き込めば、動画がシェアされるしくみになっています。このリンクURLはSNSだけでなく、メールやホームページなど、さまざまなところで使えます。またSNSでシェアする場合、動画の途中から頭出しができるように、動画の「開始位置」を指定

することもできます。「開始位置」を指定するとリンクURLに開始時間を定義する情報が加えられたリンクURLができあがります。

手順1 プライバシー設定を確認する。
シェアしたい動画のプライバシー設定が「公開」になっていることを確認します。

手順2 チャンネル名が表示されている場所の下にあるバーから「共有」をクリックして、共有するためのエリアを開く。

手順3 ボタン1つで簡単にSNSでシェアできる。
YouTubeには、あらかじめ代表的なSNSやブログサービスのシェア用ボタンがついています。シェア用のボタンはTwitter、WhatsApp、Facebook、Email、カカオトーク、などです。ここから自分がシェアしたいSNSのボタンだけを使いましょう。

動画でタイムラインを差別化する

　動画のメリットは、YouTubeだけではありません。SNSでも文字の書き込みだけでなく、動画を掲載することでタイムラインの差別化につながります。Facebookではフィード内で動画が自動再生され、動画との親和性が高まります。InstagramやLINEでも動画の自動再生機能があります。ここでひと工夫したいのは、**単純にYouTubeのリンクを張るだけにしない**ということです。Facebook、LINEとも、直接アップロードされた動画は自動再生しますが、YouTubeリンクを張っても自動再生はしてくれません。タイムライン上での自動再生は、何気にタイムラインを見ていても動画が目に入ってくることが魅力です。リンクURLをクリックするアクションが入らない分、多くの人に視聴される機会が増えます。ここではもうひと工夫提案します。タイムラインの自動再生は魅力的です

が、その場かぎりの視聴になりがちで、あとからその動画を見ようと思っても探すのが大変です。

　そこで両方のメリットを生かすために、動画をつくったら同じ動画をYouTubeとSNSの両方にアップロードします。**FacebookだったらFacebookにもYouTubeにも同じ動画をアップします。そしてFacebookのタイムラインに「過去の動画はこちらからご覧ください」として、YouTubeチャンネルへのリンクを張っておきます。**そうすれば、Facebook上での自動再生で動画に気づいてくれた人が、さらにほかの動画を見たいと思ったときは、リンクをクリックして自分のYouTubeチャンネルに来てくれます。少し手間ですが、SNSの自動再生の魅力とYouTubeのアーカイブの魅力をともに備えたSNS運営ができます。

インスタグラムの正方形動画に対応する

　ユーザー数を増やしているInstagramですが、動画機能はまだ弱くInstagramにアップロードした動画は自動再生しますが、1分未満の動画しかアップロードできません。さらに画面のサイズも通常の動画が16：9で横長なのに対して、正方形のサイズになります。そのため動画をアップロードすると、写ってほしいところが画面から切れていたりと残念なことになってしまいます。

　これに対応するために簡単な方法がスマートフォンのアプリでの加工です。Instagramの動画条件に最適なサイズに自動変換してくれるアプリがあるので、アプリを活用してInstagram用の動画にしてからアップロードすれば、視聴に最適な動画になります。

Instagramに最適な動画サイズに変換するアプリ
- **SquareKit - 正方形写真＋動画**

https://itunes.apple.com/jp/app/squarekit-正方形写真-動画/id927518480

初心者 中級 上級

絶対法則 52 動画にリーチさせる ❷ Webサイトに組み込む

YouTubeを多くの人に見てもらうために、自社ホームページやランディングページなど、YouTube以外のところにYouTubeプレイヤーを埋め込んで視聴してもらう方法があります。簡単なHTMLの知識でさまざまなWebサイトに組み込めるので、動画の内容にあわせたデザインが可能になります。

ビジネス	YouTuber
自社Webサイトやランディングページなど、自ら運営するサイトの中にYouTube動画を埋め込むことができます。これによりWebサイトとしての流入に加え、YouTubeからの流入もはかれ、告知力の高い運営が可能になります。	動画数が多くなってくるとYouTubeチャンネルでは表示が難しくなってきますが、自分のWebサイトに動画を組み込んで表示するようにするとオリジナリティのある表示ができ、わかりやすく整理することもできます。

ソースの書き出し方

YouTubeには、外部のWebサイトにYouTubeプレイヤーを埋め込んで視聴できるようにする、HTMLソースを書き出す機能があるので、自分でソースを書けなくても、簡単にWebサイト用のソースをつくることができます。

手順1 プライバシー設定を確認する（ 絶対法則51 と同様）。
シェアしたい動画のページを開いて、プライバシー設定が「公開」になっていることを確認します。

HTMLソース

動画の途中からスタートさせる場合に指定する

クリックするとHTMLソースがコピーされる

手順2 チャンネル名が表示されている場所の下にあるバーから「共有」をクリックして、共有するためのエリアを開き、下部の「埋め込む」をクリックする。

手順3 HTMLソースが表示される。動画の途中からスタートさせたいリンクURLにしたいときは、「開始位置」にチェックしてタイム情報を入れる。
埋め込みオプションも、使用方法に応じて確認してください。設定が確認できたら「コピー」を押すとソースHTMLがコピーされます。

WebサイトやランディングページにYouTube動画を組み込む

　Webサイト、特にランディングページはその名前のとおり見込客を集めてきてページの中で運営者が期待するアクション（ランディング＝期待するアクションへの着地）をしてもらわなくてはなりません。そのためにも、期待するアクションになるように、読み進めるほどにその行為に近づいていくストーリーをつくっていきます。

　もしランディングページの途中で話の流れが変わったり、ある部分の説明が長くなったりしてしまうと読み進めるテンポがおかしくなり、訴求力が下がってしまいます。とはいえ、アクションを起こしてもらうためにはコンテンツをしっかり伝えたい！　そんなジレンマを解決するツールとして、YouTube動画が効果的です。

　ランディングページの流れの中に、コンテンツの詳細説明としてYouTube動画を組み込みます。こうすることで、ランディングページの閲覧者は自分のペースでランディングページを最後まで読みながら、気になれば動画を自分のペースで視聴することができます。

　閲覧者のペースを崩さないことは、「❶ランディングページに集中させる」そして「❷行動を起こさせる」ために大切な要素です。この2つの要素をかぎられたスペースで実現する方法こそ、YouTube動画の組み込みです。もちろんこの考え方はWebサイトにもあてはまります。

　WebサイトとYouTube動画のコラボレーションは、今後ますます増えていきます。この流れに対応するには、Web制作と動画制作の垣根のない意思疎通が大切です。内製の場合も外注の場合も、この連携を意識して対応するようにしましょう。

初心者 中級 上級

絶対法則 53

動画にリーチさせる ❸
動画広告で広げる

YouTubeの動画を拡散させるには、検索やSNSによる口コミが効果的ですが、SNSで知りあいが少ない人や法人の場合は不利になってしまいます。そんなときに使えるのが、Google広告などの動画広告です。Webサイトと同じように、動画も広告で視聴者にリーチすることができます。

ビジネス	YouTuber
イベント告知など短期間に多くの人に動画を紹介したいときなどは、Google広告を使った広告施策が効果的です。	知人だけでなくより幅広い人たちに動画を紹介したいときは、Google広告を使ってみましょう。今まで自分では伝えることができなかった地域や人にアプローチできます。

動画広告向けGoogle広告で拡散する

　YouTubeにアップした動画を見てもらうのに、SNSを通じてじわじわと口コミが起こったり検索ヒットが続けば最高です。またYouTubeチャンネルの登録数が多ければ、動画をアップロードすると、アップされた情報がメールで発信されるので、動画をアップするたびに拡散することができます。

　しかし法人であったり、SNSのフォロワー数が少なかったりすると、そもそも口コミの種をまくことも難しくなります。

　そんなときに有効なのが「**Google広告**」を使った広告施策です。Webサイトでの Google広告が YouTube でも使えます。**一気に拡散させたいときや、今までリーチしていない人たちに届けるには最高のツール**になるので、設定のしかたをマスターして効果的に使いましょう。

　広告はGoogle 広告にかぎらず、FacebookなどSNSでも可能ですが、ここではGoogle 広告での設定方法をお話しします。

Google広告の設定のしかた

　Googleページからの設定もできますが、ここではYouTubeの動画からの設定方法を説明します。

手順1 「YouTube Studio」の「動画」から広告したい動画の「オプション」をクリックし、「宣伝」をクリックする。

手順2 「Google 広告を使って動画を宣伝しましょう」のページに移動するので、「始める」をクリックする。この画面で入力してもいいですが、まとめて入力するので「キャンペーンの詳細設定にスキップ」をクリックする。

手順3 「❶キャンペーンを作成する」画面に移るので、ここで「地域」「オーディエンス」「予算」などを設定する。

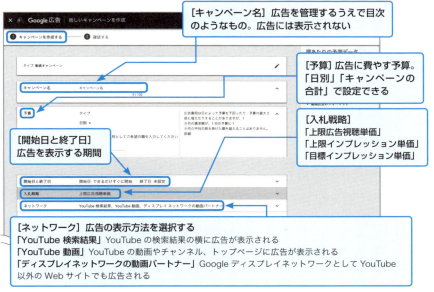

手順4 「広告グループ」を作成する。

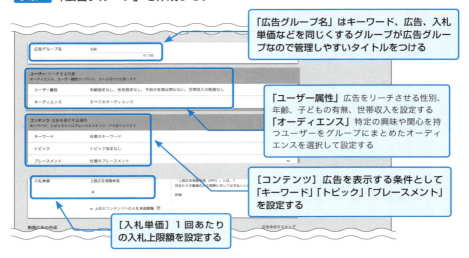

手順5 「動画広告を作成する」に広告したい動画のURLを入力し、動画広告のフォーマットなどを設定、入力後「保存して次へ」をクリックする。

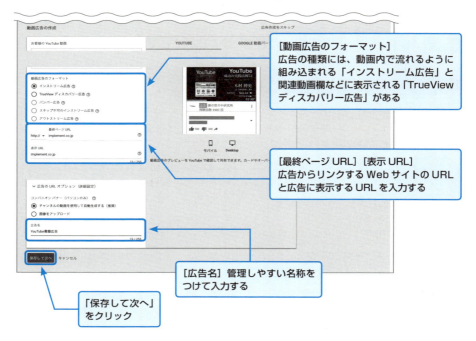

手順6 確認画面が表示されるので「キャンペーンに進む」をクリック。

手順7 Google広告で、入力情報の確認と支払い情報を確認し完了。

「審査中」となり審査が完了するまで、広告の配信は開始されません。審査完了後に広告配信となります。

初心者 　中級 　上級

絶対法則 54

YouTube広告で稼ぐ YouTubeパートナープログラムの設定

YouTubeをアフィリエイトツールとして使うためには、YouTubeパートナープログラムに参加しなくてはなりません。このパートナープログラムに参加することで動画の収益を受け取ることができるようになり、「見られてお金になる動画」になります。YouTuberはもちろんですが、法人でも自社動画の広報費捻出の手段にもなるので、しくみを理解して動画の目的にあう運用ができるようになりましょう。

ビジネス	YouTuber
自身の動画の広告費に収益化プログラムの収入をあてるなど、いいスパイラルでまわるように運営を工夫をすることで、YouTube運用が活性化できます。	お金を稼ぐ動画にするために、絶対不可欠なのが収益化プログラムです。まずはYouTubeパートナープログラムの参加条件のクリアを目標とし、クリア後はYouTuberとして効果的な方策が取れるよう、しっかりとしくみをマスターしましょう。

YouTubeで広告収入を受け取る方法

　絶対法則53では、自身が広告を出すことについてお話ししましたが、ここでは出す側ではなく、自身のYouTube動画が広告のプラットフォームになることで、広告収入を受け取る立場になることについてお話しします。

　YouTubeは、チャンネルを開設しただけでは広告収入を受け取れません。自分の動画が広告のプラットフォームになるためには、**まず「YouTubeパートナープログラム」に参加する**必要があります。動画を収益化し広告表示することで、視聴から収益を受け取ることができるようにするプログラムです。そのため、これ以降はYouTubeパートナープログラムを「**収益化プログラム**」と呼びます。収益化プログラムは誰でも使えるわけではありません。まずはYouTubeパートナープログラムに参加できる資格となる「**チャンネルの過去12カ月間の総再生時間が4,000時間以上**」かつ、「**チャンネル登録者が1,000人以上**」という基準をクリアしなくてはいけません。

　さらに、収益化プログラムはGoogle AdSenseとして運用されます。そのため、**自分の動画から収益を得られるようにするには、収益化プログラムに加えGoogle AdSenseへの登録と設定が必要**になります。Google AdSenseは収益にかかるサービスなので、登録してすぐに設定できるわけではなく審査があります。YouTubeでの収益化を考えているときは、早めの登録申請をお勧めします。

YouTubeでの収益受け取りの設定方法

　パートナープログラムの参加条件がクリアされるまで、「収益受け取りプログラム」は有効になりません。収益化プログラムの条件を満たすと、「YouTubeStudio」の左側にある「収益受け取り」から申請できるようになります。そして審査を受け通過すると収益受け取りが「有効」になり、「収益受け取り」のページができます。

　収益受け取りのページでは、Google AdSenseのアカウントとの関連づけなどの設定および設定内容が確認できます。

Google AdsenseとYouTubeの関連づけ

YouTube収益化プログラムの収益は、Google AdSenseを通じて受け取るのでGoogle AdSenseのアカウントを持っていないときは登録を行います。登録方法は、下記のGoogle AdSenseのサイトを参照してください。

表示される広告フォーマットを選ぶ

収益受け取りは条件クリアも含め、設定が完了したあとになりますが、動画に表示される広告は、動画の関連性などからYouTube側で自動的に決められます。どのような広告が表示されるかは制御することができませんが、広告フォーマットなど表示形式は設定することができます。

手順1 「YouTube Studio」から「動画」をクリックする。

手順2 広告を設定したい動画の「収益受け取り」をクリックする。

手順3 広告設定の画面になるので、「広告で収益化」をアクティブにし、広告のフォーマットを選択する。

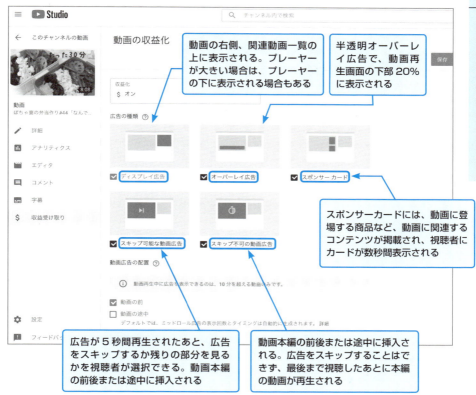

動画を収益化する際に気をつけること

YouTube動画活用ということを考えたとき、目的によって収益化を行うかどうかをしっかり検討する必要があります。

特にビジネスで活用する場合、動画広告はYouTubeによってシステム的に関連性の高い広告が表示されるようになっているため、ライバルの商品やサービスが紹介されてしまうことがあります。

また広告が収益になることは視聴者も周知であることから、商品を説明しつつ広告収入も集めているような安っぽいイメージを持たれることも想定されます。収益化の設定は個別動画ごとに動画の内容もちゃんと吟味して設定するようにしましょう。

初心者　中級　上級

絶対法則 55 伝えて売るを意識する

YouTubeの最大の強みは、動画として見せることができることです。この強みをうまく使うことで、紙の広告やWebサイトでは表現できない商品レビューを視聴者に見せることができます。商品でもサービスでも、売るためにはあたかも相手の目の前にそのモノがあるように伝えることが大事です。ここでは売るための伝え方を考えます。

ビジネス	YouTuber
告知動画が多い中で差別化するためには、ほかの動画にはない伝え方の工夫が必要です。伝え方のパターンをつくり、視聴者の求めている情報を確実に伝えることで、見込客への導線ができあがります。	自分の商品やサービスだけでなく、自分で勝手に商品レビューをアップすることも、それは立派な商品レビュー動画です。消費者はメーカー以外の第三者の評価を知りたいと思っているので、勝手レビューは視聴者獲得につながります。

視聴者の代わりに触ってあげる

　商品の説明は、口頭ではどうしても伝わらない情報があります。大きさや重さなどは、情報としてあっても実際に見てみないと実感として把握しにくいものです。こんなときにこそ、動画のアドバンテージが発揮できます。**簡単にいうと「視聴者の代わりに触ってあげる」、この感覚があれば伝わる商品レビューがつくりやすくなります**。

　実店舗ではなくネットショッピングでモノを買うときには、購入前に商品のことをいろいろ調べます。そんなときに、ヒットして見てもらえるのが商品レビュー動画です。視聴者の目と手の代わりをしてあげるわけですから、さまざまな角度から商品を撮ってみたり、**実際に手にとって重さや大きさなどを視覚的に教えてあげることは、メーカーのパンフレットや取扱説明書では表現できない貴重な情報**になります。

　さらに、実際に使用して使用感を伝えていきます。Amazonや楽天などで、販売のための大切な要素になっている**「商品レビュー」を動画で表現する**わけです。カタチのないサービスでも然りです。セミナーであれば、どんなことをどんな雰囲気でレクチャーしているのか、コンサルティングであればどのような指導を現場でしているのかなど、実体験をレポートすることは視聴者に追体験させることになるので、商品やサービスをすでに知っているような感覚になり、一気に身近なものにさせることができます。

⚠ 勝手レビューでも同じ

これは自分の商品やサービスにかぎりません。「勝手レビュー」といって、**メーカーから依頼されたわけでもなく、自分で勝手に商品をレビューするコンテンツ**があります。勝手にやっているとはいえ、購入者は売り手より中立な第三者の意見を参考にしたいという気持ちが働くので、メーカーの商品レビューより訴求力があるともいえます。この第三者であることの強みこそ、多くのカリスマYouTuberを生み出した原動力ともいえます。それほど**多くの人が目の前にない商品を見てみたいと思っているわけですから、YouTubeコンテンツとしてはまさに鉄板のコンテンツ**といえます。

性能を伝えて使用感を持ってもらう

商品レビューは、カリスマYouTuberたちの動画だけではありません。エレキギターの型番を入力すればそのギターの試奏ビデオがたくさんヒットして、音や弾きやすさの参考にすることができます。人気のオートバイの情報を入れると、こちらもたくさんの試乗レポートがヒットします。

「試奏」や「試乗」といった、**試す「試○」というものとYouTubeはとても相性がいい**のです。動画の中で試しているのは商品の性能です。性能の情報を視聴者が求めている理由は、「その商品が本当に使えるのか？」という不安を解消したいからです。この不安を解消するためにインターネットで検索し、YouTubeにたどり着くのです。この「本当に使えるのか？」という不安を、実際に商品を使用した動画で払拭してあげることで、視聴者の追体験となり視聴者にも使用感が生まれます。**試乗も試奏も試食もそうですが、使用感を持ってもらうことが商品販売の基本です。この販売の基本をYouTubeで表現するからこそ、実際の販売につながる動画になる**のです。

PLAYTECH / エレキギター LP500
https://youtu.be/JBV9JG3c9T0

商品の用途は2つ以上用意する

　ここまでお話ししてきたように、商品レビュー動画は販促という観点から大変効果的です。さらに商品レビュー動画をブラッシュアップさせるための心理テクニックをご紹介します。

　それが「用途を2つ以上用意する」です。私たちは情報にかぎらず、押しつけられることを嫌います。動画でひとつの用途だけをお話しすると、押しつけと感じてしまい不快に感じることがあります。これを回避するために2つ以上の用途を用意して、**視聴者にAもあるしBもあるよという感覚を持ってもらう**のです。

　たとえば先ほど例に出したギターなら、音のよさや弾きやすさなどの機能面もありますが、部屋のインテリアとしても映えるデザイン性や有名な○○が持っているものと同じギターだということをファンの収集欲に訴えることで、1本のギターが何とおりもの用途を持つようになります。

　複数用途の提案は視聴者に任せるのではなく、つくり手から意識的に投げかけるべきで、この**複数用途の情報提供をすることで押しつけ感がなくなります**。このことを意識してテレビの通販番組をチェックしてみてください。複数用途をうまく盛り込みながら商品説明をしています。

　「用途の説明は2つ以上」、このことを意識すれば、商品レビューに厚みが出て視聴者満足度が高まります。

視覚だけでなく、嗅覚、触覚に訴える

　商品を伝えるときには、❶視覚、❷聴覚、❸味覚、❹嗅覚、❺触覚の五感に訴えるといいといわれています。YouTubeは動画なので、❶視覚と❷聴覚に訴えやすい道具です。ここに❸味覚、❹嗅覚、❺触覚が加われば最高です。

　もちろんYouTubeでは直接的にこの三感を伝えることはできませんが、ここまでお話ししてきた商品レビューの方法を使うことで、それが可能になります。

　人は、動画の中の顔の表情やアクションを見て想像するイメージがあります。この顔の表情やアクションをうまく使うことで、映像では伝えにくい三感も伝えることができるようになります。この三感の工夫が最もなされていたのが、音のない映像だけですべてを表現していた「**トーキー映画**」でしょう。役者さんがチャップリンのトーキー映画を見て勉強するのも理解できます。**何しろ音のない映像だけでストーリーを伝えなくてはいけないわけですから、多くの人に直感的に感覚を理解してもらえる動きがそこにあるわけです。**

❸ 味覚を伝えるテクニック

　一般的に目をギュッとつむると、辛いものや味にクセのあるものを食べた感覚が伝わります。反対に目を大きく見開くと、甘いものや美味しいものを食べた感覚が伝わります。

❹ 嗅覚を伝えるテクニック

　同じように、嗅覚なら鼻をつまむと匂いのキツいイメージが伝わります。鼻の穴を大きく広げて空気を吸い込んでいれば、イイ匂いがしている感覚が伝わります。

❺ 触覚を伝えるテクニック

　触覚も然りです。熱いものや冷たいものを触ったとき、やわらかいものを触ったときなど、驚いたり、変な顔をしてみせたりすることで伝えることができます。

　YouTubeでもそうです。料理のレシピを紹介するときに淡々とつくり方をレクチャーするのではなく、オーバーアクションで匂いを嗅いでみたり、少し試食して顔で表現してみたりすると、嗅覚や味覚が自然に刺激されてあたかも目の前で調理しているのを見ているような感覚になります。

　YouTubeも舞台と同じです。オーバーアクションかなと思うくらいで、ちょうどいいくらいに伝わります。有名なYouTuberは、この伝えるアクションが本当に秀逸です。**ぜひアクションに注目して、YouTuberたちのパフォーマンスを見てみてください。**きっとヒントが見つかるはずです。

● 調理のYouTube例

【ニトスキ】スキレットで簡単うまい！
アサリのバター酒蒸し
https://youtu.be/ItNFkC_FKJE

疑似体験がキーワード

　ホームページやパンフレットなど、ほかのツールで表現できない部分を担うことこそYouTubeの活用といえます。動画は五感にフルに訴えかけることがほかのツールより得意です。感覚にフルにアピールすることで、視聴者にあたかもその商品を触っている、サービスを受けている、その場にいるような体感を与えることができます。

　あたかもその場にいるような感覚など、五感に多くの情報をアピールしていくことで、「疑似体験」をさせて、そこから行動に移させる。これこそYouTubeの効果が発揮されやすい領域です。

　たとえば、はじめて行くお店の地図をちゃんと確認したのに、想像以上に遠く感じることがあります。これはお店までの道程の情報がないため、探り探り目的地に向かっているからです。

　対して、何度も行っているお店は地図以上に近く感じます。これは経験から、角を曲がったところのイメージや目的地までの時間感覚などを、私たちが把握しているからです。

　「体験」は不安を解消させるので、相手に伝えるためには欠かすことのできない情報ともいえます。この「体験」を擬似的に体験させられるのがYouTube動画なのです。

　そして、この動画での疑似体験を容易にするのに欠かせないのが、カメラや機材の普及です。360度カメラ、スタビライザーカメラ、ウエラブルカメラ、ドローンなどなど、動画で疑似体験を促すには最適な機材がどんどん発表され安価になり普及しています。ニーズがあるから普及するわけですから、疑似体験動画は多くの人が求めるコンテンツなのです。

　実店舗販売が減り、ネット通販で商圏がどんどん拡大しています。この社会の変化の中で、商品やサービスを感じさせる伝え方が求められ、それに応えられるのがYouTubeです。「商売の成功は動画にあり」こんな言葉が現実になった今、YouTubeに取り組む価値は以前にも増して高まっています。

| 初心者 | 中級 | 上級 |

絶対法則 56

ダイジェスト動画で導線をつくる

YouTubeは60分を超える長い動画もアップロードできますが、視聴する側の立場からすると、長い動画を見続けることはかなりストレスになります。これは動画のゴールが見えないために感じるものです。これを解決するのがダイジェスト動画です。映画にも宣伝用の予告編があるように、長い動画では骨組みを知ってもらうために、ダイジェスト動画をうまく活用することが視聴率向上の鍵となります。

ビジネス	YouTuber
商品やサービスを正しく伝えるためにはどうしても長い動画になってしまいますが、ダイジェストで端的に伝えることで長い動画への導線ができ、本当に伝えたいことにリーチさせやすくなります。	アクション映画の予告編のように、象徴的なシーンをつなぎあわせると本編への期待度が高まり、長いコンテンツでも自分の思いどおりに伝えることができます。

映像の長さを意識すると90秒が視聴の抵抗線

人間の感情的な反応は90秒で落ち着くといわれています。ダイジェスト動画は本編に誘導することが目的なので、感情に訴えることが不可欠です。**動画の時間は90秒以内にまとめることを基本**にします。もちろんコンテンツによっては、90秒以内にまとめることが難しくもっと長くなってしまうこともありますが、ひとつの目安としてとらえましょう。そのときは 絶対法則11 でお話しした15秒を基本にした組み立てを意識すると、構成がまとまりやすくなります。

いずれの場合も、ダイジェストで大事なことは気持ちの割り切りです。ここは残したいなとか、話の流れからこの振りも入れておきたいなとか、いろいろと考えてしまいますが、断捨離の気持ちでバサッと切り落としてください。この勇気と割り切りこそ、シンプルでわかりやすいダイジェスト動画をつくるコツです。

映像のテンポを意識して同じ間隔で映像を切り替える

ダイジェスト動画でもうひとつ意識したいのが、映像のテンポです。**ダイジェストは本編を短くしたものなので、意味を伝えるよりは象徴的なところをつなぐイメージ**です。象徴的なところを視聴者に受け入れてもらうために必要なのが、「**テンポ**」です。極端にいうと、理解してもらうのではなく感じてもらいます。具体的には、象徴的なシーンを同じくらいの時間間隔でつないでいくといいで

しょう。そうはいっても、映像だけでテンポを伝えることは難しいものです。そこでテンポづけを助けるのが背景音になります。**背景音が自然に視聴者を正確なテンポの中に誘うことで、動画に見入るようになります。**

　本編では内容を伝えることが最優先なので、背景音をつけるかどうかについてはしっかりと検討する必要がありますが、ダイジェストは基本的には背景音をつけてつくったほうがいいでしょう。しかもYouTubeの編集機能の中には、フリーでつけられる背景音がたくさんあります（ 絶対法則31 参照）。これらを上手く使うことで、テンポのある映像がつくれます。参考になるのがテレビコマーシャルです。15秒の間に何回、どれくらいの間隔で映像が切り替わるか意識して見てください。15秒という短い時間ですが、何回も映像が切り替わることに気づくと思います。さらに背景音との連携も意識できればプロにも負けない素敵なダイジェスト映像がつくれるようになります。

▍本編に続くコンテンツ情報を盛り込む

　ダイジェスト動画で忘れていけないのが本編への誘導です。どんなに素敵なダイジェスト動画でも、本編が何なのかがわからなければダイジェストになりません。あたりまえのことですが、作品づくりに一生懸命になるとプロでも忘れてしまうことがあります。ダイジェスト動画をつくるときは、常に本編への誘導を意識して制作するようにしましょう。YouTubeはカード、終了画面、リンクと、本編へさまざまな方法で誘導できます。特にカードは表示タイミングを意識して設定するとYouTubeのアドバンテージを最大限に生かしたダイジェスト動画ができあがります。「動画＋YouTube機能」の効果的活用を考えると、あなたオリジナルの「本編へ誘導するダイジェスト動画」ができあがるでしょう。

● ダイジェスト版YouTube例

【ベース教則】
『ゼッタイ弾ける！スラップ・ベース超入門』
Fチョッパー KOGA [Gacharic Spin]
https://youtu.be/5hW6_2THExs

初心者　中級　上級

絶対法則 57　ツナガル動画を意識する

YouTubeをビジネスで活用するためには、ただつくるのではなく見せ方やゴールの設定なども意識することが大事だということについてお話ししてきました。活用するということは、動画で止まらないということです。動画から次のステップにつながってこそ、YouTubeが活用できているといえます。ここではツナガルということにフォーカスして、YouTube活用を考えてみましょう。

ビジネス	YouTuber
ツナガル方法もビジネスのブランディングです。自分の理想とする顧客とのツナガリをサポートできるYouTube活用のために、どんな動画が求められてどんな動画が伝わるのか、考えてみましょう。	YouTuberは、ビジネスユース以上にツナガリが大切です。動画の視聴数を増やすにもチャンネル登録者数を増やすにも、ツナガリは欠かすことができません。動画が強力に拡散し、チャンネル登録にもつながっていくツナガリをつくりましょう。

フロントからバックエンドへの伏線を盛り込む

　YouTube活用の基本は、次のステップにつなげることです。
　では具体的には、どのようにすればいいのでしょうか。まず最初に意識したいのがゴールです。**制作者がゴールをはっきりしないままつくりはじめてしまうと、視聴者もゴールを見つけることができません。**商品の販売、サービスの契約、店舗やセミナーへの誘導、視聴者数アップ、チャンネル登録者数アップなど、制作サイドによってゴールはそれぞれ違っていても、ゴールに向かわせるという目的は共通のはずです。ゴールがなければ道はできません。
　まずは、❶**明確なゴールを設定する**ようにしましょう。次に、❷**マイルストーンの設定**です。言葉のとおりゴールへの道しるべとなる伏線を張ります。マイルストーンがないと話がいろいろな方向に飛んでズレてしまったり、突然ゴールを押しつけるようなことが起きてしまいます。マイルストーンは動画の流れをつくる大切な要素なので、しっかり考えるようにしましょう。最後に、❸**オープニング**です。**冒頭こそゴールへの最大の伏線**といっても過言ではありません。
　私たちは指示されたことを意識する習性があります。動画のオープニングはインパクトを与えるという直感的な目的に加えて、ゴールを示唆するための伏線としての役割も担っています。**オープニングは華やかさがすべてではありません。しっかりとゴールへの伏線を示唆して、視聴者の心のベクトルを調整することを意識する**ようにしましょう。

フロントからバックエンドにしっかりつなげる動画は、ゴールからさかのぼることができます。**バックエンドへの誘導に悩んだときは後ろから前に進んでみる。** この方法で流れのある動画がつくれるようになります。

では「ツナガル動画」の例をいくつか見てみましょう。

商品の内容を伝えて購買へツナゲル動画の例

日本の老舗ファッションブランド聖林公司（ハリウッドランチマーケット）は、動画だけでなくYouTubeライブでも様々なアイテムを紹介しています。

ライブで実際にアイテムを見せながら説明することでまるでショップで店員さんに詳しく説明を聞いているようで購入にあたってとても参考になります。

事業内容を伝えて、ビジネスへツナゲル動画の例

事業内容を伝えるにあたって、いろいろと角度を変える工夫をしてYouTubeを活用しているのが、一般社団法人相続診断士教会が運営するチャンネルです。相続に関するさまざまなことを伝えるコンテンツですが、「犬神家の一族」など映画をベースに相続について考えたり、芸能人の相続ニュースをベースにしたりと誰でもわかりやすい事例をもとに色々なことが説明されています。**伝えたいことを視聴者目線で伝える工夫がよくわかるチャンネル**です。

● 笑顔相続チャンネル
https://www.youtube.com/
c/ 笑顔相続チャンネル

人を伝えて、ビジネスへツナゲル動画の例

　事業内容ではなく、人を伝える動画をアップしている会社があります。
　不動産投資物件を専門に扱う株式会社富士企画と株式会社クリスティは、代表が同じだということもあり、共同でYouTubeチャンネルを運営しています。
　代表の新川義忠さんは書籍も出版していて、テレビからも何度も取材を受けていますが、仕事は楽しくないといけないということで、YouTubeには仕事の動画ではなく、イベントや社員を紹介する動画をアップしています。不動産投資を検討してもらう前に会社を知ってもらい、担当者を知ってもらうことが大切だと、楽しい動画が目白押しです。

● 不動産投資専門 富士企画 & クリスティ公式チャンネル
https://www.youtube.com/
c/fujikikaku-christie

動画をシリーズ化してツナゲル（ザイアンス効果）

ツナガルには動画をシリーズ化することも効果的です。「**ザイアンス効果**」という言葉があります。単純接触効果ともいわれますが、人は繰り返し見ているものにだんだん好意を覚えていきます。アメリカの心理学者ロバート・ザイアンス博士によって提唱されたこの効果は、常に見ていることで潜在意識に記憶されたことが、印象評価に誤ってインプットされるために起こるといわれています。

難しいことはさておき、**何度も同じものを見ていると好きになる**というこの効果を使わない手はありません。これを**YouTubeで表現するならば、シリーズ化された動画**がいいでしょう。ドラマを何回も見ていると愛着がわいてくるように、YouTubeでもシリーズ化された動画を見ていると、だんだんとその動画シリーズに好意を持つようになります。**シリーズ化をするときには、同じタイトル、同じオープニング、同じロゴなど、象徴的な統一したアイコンをつくります。**ビジネスユース、YouTuberを問わず、視聴者がパッと「前に見たものと同じシリーズ」だと気づくタイトルなどのしかけをつくりましょう。統一的なアイコンはザイアンス効果だけでなくVI（ビジュアルアイデンティティ＝視覚的統一感）の観点からもメリットがあるので、ぜひチャレンジしてください。

電位治療器のヘルストロンで有名な白寿生科学研究所株式会社のYouTubeチャンネルには、ヘルストロンを実際に体験できるハクジュプラザを紹介する「必見！となりのヘルストロン」がシリーズでアップされています。同じヘルストロンでも、訪ねる街が違えばプラザもお客様も違うので、新しい目線で見ることができます。シリーズを通じてじっくりとプラザや製品のよさを知ってもらえる内容は、まさにシリーズでツナゲル内容です。

● 株式会社白寿生科学研究所 公式 YouTube チャンネル
https://www.youtube.com/channel/UCFH6bFOfj4GorU1y2Hteeqw

「必見！となりのヘルストロン」もそうですが、テレビ番組をYouTubeでアーカイブ化し、放送終了後も多くの人に視聴してもらう画期的な取り組みも行われています。千葉テレビ放送（チバテレ）では、一部の番組を放送終了後にYouTubeで公開し、時間があわずテレビで見られなかった人や放送地域外の人でも、いつでもどこでも番組が見られるようにしています。

物理的に視聴することができなかった地域でも番組が視聴でき、新たなファンが生まれています。私も制作会社として参画させていただいていますが、この取り組みにはテレビ局やタレントをはじめとする出演者の過去の慣例にとらわれない理解と協力が不可欠なので、先進的で時代のニーズを先取りした取り組みといえます。

●筆者がプロデューサーの「魚住りえの会社を伝えるテレビ」
https://www.youtube.com/watch?v=qWStebQA_Ak&list=PLfTKSlslscUcXs8Y7y8DLgCoyngodBQNC

今後このように、YouTubeにも映像のプロといわれるテレビ局、映像制作会社、タレント、歌手がたくさん参入してくることが予想されます。

さまざまなコンテンツがひとつのプラットフォームの中に混在する、このYouTubeの流れの中で、自分はどのようなコンテンツを提供していくべきかをしっかり見極めることが、見られる動画のために大切になっていきそうです。

| 初心者 | 中級 | 上級 |

絶対法則 58 限定公開で顧客をリスト化する

YouTubeは基本的には多くの人に視聴してもらうことが目標ですが、あえて多くの人に見せない使用方法もあります。かぎられた人にだけ視聴できるようにしてプレミアム感を出したり、会員限定の動画レターをアップしたりするときは、公開設定を「限定公開」にすることで対応できます。動画の視聴を限定することで、視聴者の情報や属性をコントロールし、リスト化していく方法について考えます。

ビジネス	YouTuber
「購買者のみ」や「アンケート回答者のみ」というように、視聴者と動画のギブ＆テイクの関係を構築すれば、選別した顧客リストとなりコアなファン顧客つくりへと展開できます。	限定感は人の欲求感を高めるので、「メルマガ登録者のみ」や「イベント参加者のみ」といった限定公開の動画を特典にするとコアなファンづくりができます。

登録した人だけが閲覧できるしくみをつくる

　公開設定の「限定公開」は、友だち同士、知りあい同士で動画を視聴できるようにするプライバシーを意識した機能なのかもしれませんが、視聴者を制限できる機能をうまく利用することで、動画にプレミアム感を持たせることができ、さまざまなシーンで活用できるようになります。

● 動画を限定公開したときの使い方

- メルマガ会員への動画メッセージ
- 優良顧客のみへのサービス動画
- イベント参加者のみ限定公開動画　etc…

　視聴を限定しているので、視聴者の区別化、差別化が簡単にできます。この区分の線をどこで引くのかがビジネスにおいてもYouTuberにおいても重要なポイントになります。あまり限定感を出しすぎると対象外の人が多くなり反感をかってしまうこともあります。逆に対象を広くしてしまうと、限定感が弱くなってしまいます。これらの感覚は視聴者側がどこで限定されているのか、定義をしっかり認識できていないことが原因です。**限定感を出すときは区切り位置とその理由**

をしっかりと説明できるようにしておきましょう。理由に合理性があれば多くの人が区切りに納得し、その区切りを超えて限定の仲間に入ろうとします。このようないい感覚を醸し出せると、**「限定公開」は最高の武器となり強固なファン化を進めることができます。**

登録フォームから申し込んでもらう方法

　限定公開をうまく使えば、動画で伝える商品やサービスに興味を持っている見込客をリスト化することができます。

　「限定公開」はその動画のURLを知っている人だけが視聴できるしくみです。この**動画のURLを伝えるのにメールを使えば、連絡先としてメールアドレスを取得することができリスト化できます。**

　Webサイトに動画の申し込み用のフォームを組み込むことで、登録してもらうしくみが便利です。このような申し込みフォームのしくみは、Webサイトに組み込むプラグイン形式のものからASPサービスまでたくさんのものがあります。あなたのWebサイトやサーバーの条件にもよるので、情報を調べるかWebサイト制作者などプロに相談するようにしましょう。

　筆者はASPサービスの「**ジェイシティ フォーム**」（有料）を使用しています。Webサイトで検索するとさまざまなサービスがヒットするので、月額利用料や性能を比較して契約するようにしましょう。

● **フォーム作成システム（ジェイシティ フォーム）**
https://www.jcity.co.jp/form/

パスワードで視聴制限を強化する方法

　ここまでお話ししてきた方法でもかぎられた人にだけ視聴させることができますが、限定公開は視聴制限を個人に紐づけているわけではなく、URLを知っている人しか見られない、検索にヒットしないというしくみで運用されています。

　そのため、誰かがURLを他人に伝えてしまうと、動画の管理者が把握していない視聴者も見れてしまうことになります。

　この視聴制限を強固にする方法としては、YouTubeをWebサイトに組み込み、そのWebサイトにパスワードで閲覧制限をかける方法があります。Webサイト閲覧のパスワード制限はWebサイト制作の知識がないと難しいものなので、わからないときはホームページを管理している人や専門家に相談しましょう。

　そのほかにもYouTube動画の設定を「非公開」にして、視聴したい人のメールアドレスに対して個別視聴許可を行う方法もあります。

　これらが難しいようでしたら、YouTubeと同じWebでの動画視聴サービスであるVimeo（有料）というサービスを使えば、動画にパスワードを付与して視聴制限をかけることができます。

　筆者がYouTubeサポートを行っている企業や動画スクールの受講生も、講義の内容を動画にした復習用動画をパスワードつきVimeoで視聴しています。このように、VimeoをYouTubeと併用して運用すると、より幅広い対応ができるようになるのでお勧めです。

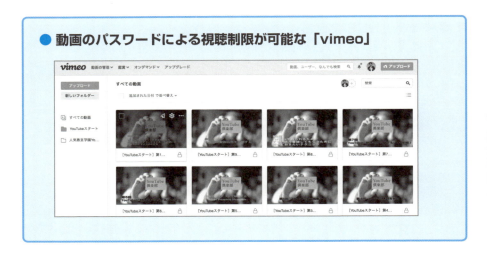

● 動画のパスワードによる視聴制限が可能な「vimeo」

初心者 中級 上級

絶対法則
59 YouTubeチャンネルに誘導する

YouTube運営に最も大切なものは動画ではありません。動画以上にYouTubeチャンネルが大切です。YouTubeがインターネット上で担う役割がわかると、その大切さがわかります。これだけ大切なYouTubeチャンネルですが、きっちり運営されているチャンネルは本当に少ないのが実情です。それだけにしっかり正しくチャンネル運営することで、無駄なく確実なYouTube運営ができます。

ビジネス	YouTuber
仕事でYouTubeを運用するためには、少ない労力で最大限の効果を発揮できるようにしなくてはいけません。そのためにもYouTubeチャンネルを正しく設定・運用し、つくった動画が最大の効果を出すようにしていきましょう。	YouTubeチャンネルがYouTuberに必須なことについてはすでにお話ししました。YouTubeチャンネルは持つだけでなく、チャンネルを媒介したファンの流れをつくることが、YouTuberになるための必須事項です。

YouTubeチャンネルは動画の保管庫

　YouTubeチャンネルは動画の保管庫といえますが、ただ保管しているだけでは何も起きません。わかりやすくカスタマイズしてチャンネル来訪者に動画を見やすくアピールし、いろいろな動画に気づいてもらうことが大切です。

　しっかりと収益を出しているYouTuberは、1本の動画で多くの収益を出しているわけではありません。新しい動画をアップすることで、その動画からYouTubeチャンネルに誘導したり、関連動画としてほかの自分の動画も同時にたくさん見てもらうからこそ収益も積みあがっていきます。そのためにも、動画の保管庫であるYouTubeチャンネルを大切にしなくてはいけないのです。

YouTubeチャンネルをHubにする回流策

　そもそもチャンネルに来訪してもらえないと、カスタマイズしたチャンネルも意味をなさないですし、自分の情報も伝わりません。YouTubeを活用するうえで考えなくてはいけないことは、動画を介した次のアクションへの導線です。

　ビジネスユースであれば、動画からWebサイトやお店に顧客を誘導しなければいけません。YouTuberならチャンネル登録をしてもらい最新の動画に気づきやすくしてもらいつつ、多くの自分の動画に気づいて視聴してもらうようにしな

くてはいけません。回流をつくるために必要なものは、回流の中心でさまざまなアクションを結んで導線にするHub（中枢結合部）です。このHubの役割を担うのがYouTubeチャンネルです。だからこそYouTubeチャンネルは動画より大切だといえるわけです。

● YouTubeチャンネル回流図

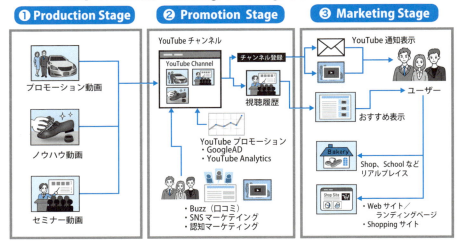

「Production」「Promotion」「Marketing」3つのStageをカバーすることで最大限の効果を

　上記の図は著者が企業のYouTube運営をお手伝いする際に最初にお話しさせていただく資料です。ご覧いただくとYouTubeチャンネルが回流の中心にあることがわかっていただけると思います。

❶ 動画をアップすると集積所であるYouTubeチャンネルに動画がまとめられる
❷ 視聴者は、動画やチャンネルを気に入ったり、あとで見たいと思うと、探しやすいように「チャンネル登録」というお気に入り設定をしてくれる
❸ お気に入り登録したチャンネルに動画がアップされるとYouTubeからはEメール、スマートフォンではポップアップメッセージで、動画がアップされたことが視聴者に通知される
❹ 視聴者はYouTubeからの通知を見てタイムリーに動画を視聴できる
❺ 自分の動画の視聴を繰り返してもらうことでファンになってもらい、Webサイトや店舗に訪問してもらいやすくなる

　YouTubeチャンネルをしっかりと中心に据え、チャンネル登録をしてもらう

ことで、インターネット上に回流ができあがります。これこそが「チャンネル登録をしてもらう」ことの意味であり、YouTube運営で最も大切にし、目標にしなくてはいけないことなのです。だから多くのYouTuberが地域や内容を問わず、動画の中で「**チャンネル登録してね！**」「**Subscribe to my channel！**」と視聴者にお願いするし、YouTubeもその大切さを説明し、カードや終了画面など、チャンネル登録を促すしくみを提供しているわけです。

　チャンネル登録してもらうことの最大の魅力は、お気に入り登録したチャンネルに動画がアップされるとYouTubeからEメールなどで視聴者に通知してくれることです。YouTubeライブだとなおさらです。ライブのスタートにあわせてタイムリーに通知してくれるので、視聴漏れを防ぐことができます。この視聴者に何度もアプローチをかけることこそ、会えば会うほど仲よくなるというザイアンス効果を生み出す力となり、たゆまなくファンをつくっていくことになります。

　この回流の意味をしっかり把握できれば、自信を持ってYouTube運営ができるようになります。

YouTubeチャンネルを促すQRコード

　チャンネル登録することの大切さは理解いただいたと思いますが、実際に登録者を増やしていくことは大変です。また、動画視聴数の積み重ねで収益を増やしていくYouTuberとビジネスに活用する場合とでは、運営目的も異なります。

　動画視聴数を増やすための戦略としては、とにかくチャンネル登録数を増やすことが大切なので、YouTuberを目指す人は**動画内でもしっかりとチャンネル登録を促しましょう**。視聴者もチャンネル登録に慣れた人たちが多いので、動画とチャンネルのクオリティでチャンネル登録者を積み重ねていけます。

　対してビジネスに使用する場合は、視聴者もヘビーなYouTube使用者ともかぎらないですし、仕事とプライベートは別と考えている視聴者も多いでしょう。

　そのため、チャンネル登録者を増やすことを第一順位に考えてしまうと、そもそものYouTube活用の趣旨を忘れてしまい、収益重視のYouTuberと同じことをしようと努力してしまいます。

　しかし、ビジネスでのYouTube活用の目的は、商品やサービスの売上につなげることや顧客やリクルーティングで会社を知ってもらうことです。ですから、**1万人に登録してもらう必要はなく、伝えたい人10人に確実に伝われば成功**といえます。ここを履き違えると無駄な作業ばかりを行うことになり、YouTube運用自体に嫌気を感じてしまうことになるので注意しましょう。

　筆者はたくさんの企業でYouTube運営のサポートをさせていただいています

が、**ビジネスで使用する場合は「ボリュームより質を大切にする」**しくみをつくるようにしています。店舗など直接来店いただける仕事やセミナー、リクルーティングのように視聴者と会うことができるような場合は、会ったときに直接チャンネル登録をお願いしてもらうようにしています。

　もちろん強制的にチャンネル登録をしてもらったりすると視聴者の気分を損ねてしまいます。歯科医院であれば歯の磨き方動画、美容室であれば髪のメンテナンス方法動画、セミナー参加者には当日のセミナーの録画動画の提供というように、視聴者にチャンネル登録するメリットを感じてもらう動画を用意して「おうちに帰ってからまたご覧ください」と言えるようにします。

　こうすればチャンネル登録のメリットがあるので、直接促せば多くの人がチャンネル登録してくれます。

　その際に、チャンネル登録に手間取っては面倒に感じられてしまいます。そのために用意したいのが**スマートフォン用にYouTubeチャンネルのURLをQRコードにしたシート**です。上記の話をしながらシートのQRコードを視聴者のスマートフォンで読み込んでもらえば、スムーズにチャンネル登録してもらうことができます。QRコードの作成はインターネットで「QRコード　作成」と検索するとたくさんのWebサイトがヒットするので、使いやすいサイトを利用してください。

　QRコード読み込みの際、Android端末の人はGoogleアカウントを保有しているので、ほぼ間違いなくチャンネル登録してもらえますが、iPhoneを使用している人は、Googleアカウントを持っていなかったり、YouTubeにログインしたことがなかったりで、チャンネル登録できないこともあります。

　もちろんチャンネル登録していただくことが最適ではありますが、難しいときはYouTubeチャンネルのブラウザページを「ホーム画面に追加」して、アイコンをタップして見てもらうようにしておくといいでしょう。

● QRコード作成サービス

QRのススメ 無料版　https://qr.quel.jp/

YouTubeチャンネル登録を促すパラメータを活用する

　さらに強力にチャンネル登録を促すのであれば、スマホでは表示されずパソコンのブラウザのみの対応になりますが、**チャンネル登録をしていない人がYouTubeチャンネルを開くと、ポップアップウインドウが表示されてチャンネル登録を促す方法があります**。方法は簡単で、自分のYouTubeチャンネルのURLの1番後ろに「**?sub_confirmation=1**」のパラメーターをつけ加えたURLにするだけです。このURLをSNSやメールマガジンなどで案内すれば、URLをクリックすると、チャンネル登録していない人にだけ、ポップアップでチャンネル登録を促します。

　もちろんチャンネル登録しないと動画が見られないわけではなく、ポップアップしているウインドウの「キャンセル」を押してもいいですし、ポップアップウインドウの枠外のどこかをクリックすれば、ポップアップウインドウは消えて通常の画面に戻ります。

　とはいえ、ここまで促されると「チャンネル登録しないといけないのかな」とも視聴者に考えさせることができます。くどいようにも見えますが、これくらいしないとなかなかチャンネル登録が増えないのも正直なところですし、チャンネル登録というしくみを知らない人もたくさんいます。チャンネル登録を忘れさせないという意味からも使う価値があります。

● 登録を促すポップアップウインドウ

僕の世の中研究所
https://www.youtube.com/c/bokunoyononaka?sub_confirmation=1

初心者 中級 上級

絶対法則 60 自分にあった運用を考える

いよいよ最後の項目になりました。最後に考えたいのはあなたにあったYouTube運営と活用です。ここまでたくさんの情報を手に入れてきましたが、すべてがあなたにとって有用というわけではないはずです。それぞれの目的、体制によって、運営しやすいカタチがあります。ここを整理せずに運営してしまうと、無駄な努力をたくさんしてしまうことになります。ここまで読んできたことを踏まえて、あなたにあった運用を考えてみましょう。

ビジネス	YouTuber
ビジネスの場合、YouTube活用の目的ははっきりしていると思います。その目的をもとに運用のカタチをしっかり考えることが、業務としてYouTubeを継続して運営していくためには必要になります。	自分ができる運営方法はそれぞれだと思います。副業として仕事をしながらYouTuberを目指すのか専念できるのか、動画制作に予算をかけられるのかかけられないのか、毎日アップできるのかできないのか。自分のできることをしっかり把握して、無理なく運営していくことが長く続けていく力になります。

たくさん見られるのか、仕事をサポートするのか

筆者にYouTube運営のサポートをお問いあわせいただく企業には、はじめてYouTubeにチャレンジする会社が多いのですが、過去にチャレンジしたけれどうまくいかず挫折したという企業からもたくさん依頼をいただきます。

依頼をいただいたら、過去の運営状況などについてもヒアリングするわけですが、挫折した多くの理由が、「**どう運営していいかわからないがとにかく動画をつくってアップしてみたけれど、YouTubeチャンネルも知らなかったし動画への検索対策もわからないままだったので、がんばってもいつまでも効果が出なかった**」というものです。

チャンネルや動画の設定などテクニカルな部分については、この本を通じてもご理解いただけたかと思います。しかし、ネックは「がんばってもいつまでも効果が出なかった」という部分です。この言葉は曲者です。

この本でも各所で触れてきたように、「効果」の定義は目的によって変わります。企業のヒアリングをしていると、ビジネス活用を希望されているのに、有名YouTuberを目指して10万回視聴をねらっていたりするのです。もちろんマス媒体として広く広報するということでは、ビジネス活用でも多くの視聴数を獲得する

ことが効果が出たということになります。しかしビジネス活用の多くは、ビジネス活動の補助として営業サポートツールであったり会社を知ってもらうための説明ツールだったりします。この場合は届けなくてはいけない人に届けばいいので、10万人に見てもらう必要はなく、極端にいうと数人に見てもらっても結果が生まれれば効果があったといえます。

　このように多くの企業がYouTuberのようにYouTubeの派手な部分に効果の錯覚を起こしてしまい、せっかく使えるツールであるのに活用をあきらめてしまっているのです。YouTubeにはYouTubeでしか発揮できない効果がたくさんあります。

　YouTube運用にあたっては、目的をしっかり持って運営していくことが大切だということを常に意識できれば、必ずあなたにとって最適の効果を生み出すYouTube運営ができるようになります。

どうすれば継続的に運営できるのか

　筆者が企業をサポートさせていただく際に、担当の人には「がんばらなくていいですよ」とお願いするようにしています。**YouTubeで大切なことはコツコツと継続していくこと**です。

　YouTubeをスタートさせても広告などをしない場合、動画が視聴され出して数字が動き出すまでに3カ月から6カ月ぐらいかかります。そのため、スタートした最初の1カ月は、動画をアップしても作業に比例するように動画の視聴数は伸びません。これでは心が折れてしまいます。それよりは毎週、毎月でもいいので、コツコツとコンスタントに動画をアップしていくほうが効果につながります。

　これは企業だけでなく、YouTuberを目指す人も同じです。なかなかYouTubeに没頭できる環境で運営に取り組める人は少ないはずです。まずは自分のできる範囲で、半年、1年後まで運営できる労力で取り組みましょう。**YouTubeチャンネルを育てていく気持ちで取り組めば、必ず効果を感じられる**ときがやってきます。

動画アップロードの積み重ねが財産になる

　YouTubeの動画も、ブログ記事と同じコンテンツ蓄積型のマーケティングです。1本の動画の力は弱くても、年月とともに積み重なって50本、100本と増えていくと、検索にヒットする確率も関連動画として表示される確率も増えていきます。YouTubeチャンネルをしっかり構築しておくことで、1本の動画に気

づいてもらいチャンネルに訪れてもらえば、ほかの動画の視聴にもつながります。
　積み重ねほど強力でにわかには真似できないパワーはありません。誰かがあなたのやり方を真似しようとしても、1年かけて積みあげたコンテンツパワーには1年かけないと追いつけません。それだけに繰り返しになりますが、コツコツとゆっくりでも継続して積みあげていくことが、YouTube成功の最大の秘訣だといえるのです。
　正しい知識と設定で、無理をせず、コツコツとつくった動画を継続的に最大限に働かせる。それだけに、「**正しいことを早くスタートさせる**」ことが1番大切なのです。

あとがき

　前著『YouTube成功の実践法則53』を上梓してから、YouTubeというキーワードを通じてたくさんの人とご縁をいただきました。YouTubeをはじめとする動画マーケティング、動画制作、番組制作、インターネット生中継などなど、動画にはずっと関わってきましたが、どちらかといえば表舞台ではなく裏方としてサポートさせていただくことを生業としてきたので、暗躍（？）こそが自分の役割だと考えていました。

　こんな私に書籍化のお声をかけていただいたのがソーテック社の福田清峰さんです。公私とも大変お世話になり頭が上がらないのですが、今回も改訂本のお声をかけていただき感謝の念でいっぱいです。打ちあわせをしていても一緒に食事をしていても、ところどころに差し込まれる"クリエイター魂"溢れる言葉は書籍にだけでなくいろいろな仕事に役立ちました。こそっと講演のネタに使わせていただいたこともありました。ここであらためてお礼申しあげます。

　お礼を申しあげなくてはいけない人が本当にたくさんいます。
　10年ほど前「YouTubeもこれからのためにやっとかなくちゃね」と六本木のある高層ビルの会議室でボソッと口にしたSさん。あのボソッと出たひと言がなければ、この本はなかったかもしれません。同じころに「よくわからないけどYouTubeやってみよう」と英文の稟議書を一生懸命書いてくれたUさん。あのときつくったYouTubeチャンネルは、今でもネット上で活躍してくれています。

　前著を上梓したあとに出逢ったみなさまにも感謝です。「YouTubeはこれから必ず必要になる」と私の講演会を全国各地、さまざまな業種、さまざまな会合で企画してくださったみなさま。多くの人と出逢う機会をつくっていただいたおかげで、さまざまな場所、さまざまな業種でYouTubeをスタートするサポートができ、その経験は大きなノウハウになりました。

　YouTubeを舞台に精力的に活動を続けるYouTuberのみなさま。企業分野や映像制作の現場での動画マーケティングや制作を主体でやってきた私に、自ら企画し、自ら出演し、自ら編集し、自ら運営するというYouTuberの姿を丁寧に教えてくれました。この経験は企業分野だけでは体得できません。それを企業分野にも使えるように咀嚼できたことが、ビジネス分野でのYouTube活用法へとつながりました。

　「YouTubeをうちのクライアントに紹介したい」と、多くの企業や事業主にご紹介いただいたビジネスパートナーのみなさま。本書にも書きましたが、たくさんの

企業が正しく運営していないがために大きな無駄を発生させていることがわかりました。担当者の努力を昇華させるためには企業内でのしっかりとした研修が必要だということに気づかせていただき、多くの経営者、従業員のみなさんから支持される研修プログラムができあがりました。

　テレビのこれからの在り方を真剣に考え、YouTubeとの連携をカタチにしていただいたテレビ局のみなさま。情報ツールが溢れる中で、対立ではなく融和することが映像業界にとっても視聴者にとっても求められるものであることがさまざまな番組を通じてカタチになりました。
　将来を担う学生たちのために、WebクリエイターにWeb動画の知識習得を盛り込んだ「Web動画クリエイター科」の開設に尽力された専門学校のみなさま。さまざまな企業から課題事項として相談を受けてきた動画の知識を持ったWeb運営者の確保が、これから育っていく学生たちで解決されるのが楽しみですし、新しいタイプのYouTuberの誕生も楽しみです。
　全国各地で開講されたYouTube勉強会に参加いただいたみなさま。動画の知識ゼロからYouTubeで集客ができるようになるまでを、ともに経験できたことは貴重な財産になりました。勉強会でいただいた質問やたくさんの人がつまづいた事柄は、本書にしっかり反映させていただきました。この財産はこれからのYouTube勉強会でも活用していきます。
　そして、私どものYouTube運営サポートを選んでいただいた企業や事業主のみなさま。従業員も巻き込んでディスカッションしながらつくりあげるオリジナルのYouTubeチャンネルと運営ノウハウは、みなさんの財産であるとともに私の財産にもなりました。この財産も本書に多分に散りばめられています。前著から増えたコンテンツは多くの人の真剣な取り組みが膨らませたものです。あらためて感謝申しあげます。

　お礼を申しあげなくてはいけない人はかぎりないのですが、多くの人の実際の行動が本書をブラッシュアップしてくれました。それだけに読者のみなさまには、現場発の実践的な内容として自信を持ってお読みいただける内容になったと思っております。今もおかげさまで全国のさまざまな人たちから「YouTubeを活用したい！」とお声かけをいただいております。本書も、半分以上自宅のある東京ではなく出張先で書きました。
　これからますます需要が高まるYouTubeと本書が、私にとっても読者のみなさまにとっても新しいものへの挑戦と出逢いのきっかけになれば幸いです。

木　村　博　史

著者紹介

木村博史(きむら ひろふみ)

インプリメント株式会社 取締役社長(COO)、クリエイティブディレクター、日本ペンクラブ会員

マーケティングの成功法則を1枚シートに集約した「アイデアシート」など広告理論を駆使したクリエイティブワークで制作するプロモーションツールが各所で成功をおさめ注目を集める。特にWeb動画黎明期より携わった企業での動画運用を得意とし、大手企業の社内動画配信インフラ構築からIR中継、PV、テレビ番組、テレビCM制作まで幅広いジャンルを数多く手がける。

YouTubeに関しては、500社を超える企業・団体での運営サポート、全国の産学機関での講演、各媒体での執筆と、精力的な活動を続けている。

著書／「人を動かす言葉の仕組み」(KADOKAWA)「YouTube 成功の実践法則53」(ソーテック社)「伝わるプレゼン資料作成 成功の実践法則50」(ソーテック社)「世界一やさしいブログ×YouTubeの教科書1年生」(共著・ソーテック社)

- インプリメント株式会社
  https://implement.co.jp
- モデル
  長谷川香枝(タレント、肉ダイエットインストラクター)
- 写真・カメラ
  大崎聡(株式会社Shin-irai)、西連寺泰弘(サイ株式会社)

改訂 YouTube 成功の実践法則60

2018年4月30日　初版第1刷発行
2022年4月10日　初版第9刷発行

著　者	木村博史	
装　幀	植竹　裕	
イラスト	Wako Sato	
発行人	柳澤淳一	
編集人	久保田賢二	
発行所	株式会社　ソーテック社	
	〒102-0072 東京都千代田区飯田橋4-9-5　スギタビル4F	
	電話：注文専用　03-3262-5320	
	FAX：　　　　　03-3262-5326	
印刷所	図書印刷株式会社	

本書の全部または一部を、株式会社ソーテック社および著者の承諾を得ずに無断で複写(コピー)することは、著作権法上での例外を除き禁じられています。
製本には十分注意をしておりますが、万一、乱丁・落丁などの不良品がございましたら「販売部」宛にお送りください。送料は小社負担にてお取り替えいたします。

©HIROFUMI KIMURA 2018, Printed in Japan
ISBN978-4-8007-1204-2

ソーテック社の教科書シリーズ

世界一やさしい ブログの教科書 1年生

染谷昌利著　1,580円+税　288頁　　ISBN978-4-8007-2039-9

「ブログで飯を食う？　そんな狭い世界の話じゃない！」
あなたの人生を変えるかもしれないブログの魅力と継続的に稼ぐコツを大公開。ブログをはじめたい人、行き詰まっている人、副収入がほしい人、とりあえずこれを読んでみてください！

世界一やさしい 株の教科書 1年生

ジョン・シュウギョウ著　1,480円+税　256頁 ISBN978-4-8007-2016-0

「株は安いときに買って、高くなったら売る」これでは運を天に任せるようなものです。実は買いの銘柄を見つける簡単な方法があります。ちゃんとした売買テクニックとメンタルを身につければ、あなたは投資で勝てる人になれます！

世界一やさしい 不動産投資の教科書 1年生

浅井佐知子著　1,580円+税　272頁　　ISBN978-4-8007-2031-3

不動産投資をはじめてみたい人は、まず1Kのマンションを現金もしくは一部ローンで購入してみましょう。最初の一歩を成功させるためのノウハウを惜しみなく公開！　失敗しない＝成功する安心感へとつながる不動産投資をはじめましょう。

世界一やさしい 日経225 オプション取引の教科書 1年生

岩田 亮著　1,800円+税　256頁　　ISBN978-4-8007-2046-7

オプションと聞くと、大きな損失を抱えてしまうと思われがちですが、心配無用です。勝っても負けても2万円の利益か損失しかない、「ニアプット戦略」など、オプション初心者がトコトン、オプション取引を楽しめる構成にしてみました。

ソーテック社のまるわかりシリーズ

アフィリエイトで夢を叶えた元OLブロガーが教える

本気で稼げる アフィリエイトブログ
収益・集客が1.5倍UPするプロの技79

亀山ルカ・染谷昌利著　1,580円+税　288頁　ISBN978-4-8007-2051-1

大人気ブログ「ルカルカダイエット」「ルカルカアフィリエイト」の亀山ルカと「ブログの教科書1年生」の染谷昌利が初タッグ！いよいよ、誰でも稼げるようになる「アフィリエイトのとどめの入門書」が完成！

現役ASP役員が教える

本当に稼げる アフィリエイト
アクセス数・コンバージョン率が1.5倍UPするプロの技48

納谷朗裕・河井大志著　1,480円+税　208頁　ISBN978-4-8007-2052-8

アフィリエイトサービスの基礎知識から、稼げるコンテンツのつくり方やSEO対策まで！ 某アフィリエイトサービスの「中の人」が、独自の目線からASPの使い方と、結果の出る収益化方法を教えます！

元Google AdSense 担当が教える

本当に稼げる Google AdSense
収益・集客が1.5倍UPするプロの技60

石田健介・河井大志著　1,480円+税　208頁　ISBN978-4-8007-1191-5

元Google AdSenseの「中の人」が、独自の目線からGoogle AdSenseの使い方と、結果の出る収益化方法を教えます！ 初心者〜中級者にはもちろん、関連書籍はあらかた読んでいるような上級者にも、きっと新たなヒントになるはずです。

小さな会社のWeb担当者・ネットショップ運営者のための

Webサイト のつくり方・運営のしかた
売上・集客が1.5倍UPするプロの技101

坂井和広著　1,480円+税　256頁　ISBN978-4-8007-2049-8

ウェブサイトのつくり方からSEO対策やサイトを成長させる分析ツールの効果的な使い方、リニューアルテクニックまで完全網羅。「売れる」「コンバージョンが取れる」「集客アップ」を目的としたプロの技満載です！

ソーテック社の好評書籍

伝わるプレゼン資料作成
成功の実践法則50

木村博史 著

相手をうなずかせるための「考え方」と「実践ノウハウ」

- A5判
- 定価（本体価格1,580円＋税）
- ISBN978-4-8007-1124-3

**1歩抜きん出るパワポ資料作成の
テクニックを徹底解説！**

プレゼン資料作成があたりまえになった昨今、「簡潔でわかりやすく見やすい資料」が求められています。
広告制作会社として数多くの企画プレゼンテーションを成功させてきた著者が、誰でもつくれる伝わる資料作成テクニックの法則を伝授します！

http://www.sotechsha.co.jp/